Simulated Cyclic Voltammograms: Basics of Electrochemical Kinetics

(IUPAC Convention)

M Kanagasabapathy

USA

ISBN: 9798370717437

Date of publication: December, 22, 2022 (I Ed.)

Format: Paperback

Publisher: Kindle Direct Publishing, Amazon, USA

Copyright© 2022 by Dr. M Kanagasabapathy (Author). All rights reserved.

No part of this book may be reproduced, stored in a retrieval system or transmitted in any form or by any means, electronic or mechanical, including uploading, downloading, printing, decompiling, recording or otherwise, except as permitted under Sections 107 or 108 of the 1976 United States Copyright Act, without the prior written permission from the author.

About the author

Dr. M Kanagasabapathy is working as the Assistant Professor, Department of Chemistry, Rajapalayam Rajus' College, affiliated to Madurai Kamaraj University, Rajapalayam, Tamil Nadu, India. He pursued his Ph.D. at Central Electrochemical Research Institute, Council for Scientific & Industrial Research, New Delhi, India. His fields of research interests are fabrication of novel electrode materials for supercapacitors, batteries, electrochemical biosensors via electrochemical deposition techniques and crystallographic data analysis by powder X-ray diffraction. He is pursuing electrochemical research works / funded research projects in collaboration with National and International Research Institutes and Universities. He has about 28 years of teaching experience in both chemistry as well as in chemical engineering disciplines. To date, he published 27 research papers, in peer-reviewed research journals and designed 23 computer simulation programs coded in Python, MATLAB, Visual Studio and wxMaxima for electrochemical modeling, X-ray diffraction crystal data simulation as well as extraction of graphical data. He published 4 books in the themes, electrochemistry of rechargeable batteries, electrochemical supercapacitors and symbolic computations with wxMaxima. He is a peer-reviewer for many electrochemical research journals. He is also serving as the Technical Consultant for Energe Capacitors Pvt. Ltd., Rajapalayam (TN) India to design the EDL supercapacitor electrodes. His simulation programs were published in research journals and indexed in renowned software publishers and international Universities' web databases.

Author's note

Cyclic voltammetry is an imperative electrochemical analytical tool to probe the electrochemical characteristics and to assess the performance of the fabricated electrode materials for batteries, supercapacitors, fuel cells, biosensors, etc. It is also deployed to scrutinize the electrochemical signature of the pharmaceutical / chemical / biochemical compounds and nanocomposite materials, polymers, complexes, etc., as well as to explore the electron transfer process from energy storage to bio-medical applications.

This book outlines the first basics of the interpretation of cyclic voltammetric graphs (in IUPAC convention) and the electrochemical kinetics through the graphical format of simulated cyclic voltammograms.

As extensive and advanced literature resources are available on cyclic voltammetry with an in-depth theoretical and experimental aspects, this book portrays the simulated cyclic voltammetric graphs and correlates them with the specific hypothetical experimental condition and the mechanism.

"Single picture speaks louder than many words", and hence the graphs of the simulated cyclic voltammograms with the variation of a specific parameter are given for quicker grasping of the impact of that parameter over the shape of the graph and its underlying electrochemical mechanism.

Hypothetical experimental parameters are listed and the corresponding simulated CV graphs are given side by side. By inferring the plots, effect of the selected variable over the electrochemical kinetics can be diagnosed quickly.

For this monograph, the electrochemical data obtained from various simulation programs are correlated. But primarily, open sourced, *Simulation of voltammetric electrochemistry* (https://limhes.net/ecsim/) by **Dr. René Becker** as well as DigiElch, Gamry Instruments (Windows, executable version) are used. Besides these, two programs indigenously designed by me, coded in NumPy and VBA-Excel interface to evaluate the steadfastness of the perceived data.

I wish to express my earnest gratefulness to **Dr. René Becker**, Electronics Engineer, LUMICKS, Amsterdam, Netherlands, as I am indebted for his open sourced numerical simulation tool, voltammetric electrochemistry, which is an excellent CV simulation program, highly admirable, and proficient.

I express my heartfelt gratitude to **Dr. S. Singaraj**, Secretary, College Governing Council, Rajapalayam Rajus' College, Rajapalayam, India as well as **Dr. D. Venkateswaran**, Principal, Rajapalayam Rajus' College, Rajapalayam, India for granting their consents and for their constant encouragements and motivations to publish my work.

I extend my appreciations to the peer-reviewers of the manuscript and **Kindle Direct Publishing, Amazon, USA** for formatting my work into book.

22nd Dec. 2022 M Kanagasabapathy

Simulated Cyclic Voltammograms: Basics of Electrochemical Kinetics

Symbols and their units* used

Simultaneous Electrochemical redox & Chemical reactions	
Electrochemical, redox reactions: $M_1^{n+} + n_1e^- = M_1$; $M_2^{n+} + n_2e^- = M_2$	
Chemical reactions, product formation: $M_1 \rightarrow P_1$; $M_2 \rightarrow P_2$	
$E_{r,1}$	Electrochemically reversible: $M_1^{n+} + n_1e^- = M_1$
$E_{q,1}$	Electrochemically quasi-reversible: $M_1^{n+} + n_1e^- \rightarrow M_1$
$C_{r,1}$	Chemically reversible: $M_1 = P_1$ ($k_f = k_b$)
$C_{i,1}$	Chemically irreversible reaction: $M_1 \rightarrow P_1$ ($k_f \neq k_b$)
E_1 or E_2	Electrochemical reaction(s) with 1 or 2 species, M_1^{n+} & M_2^{n+}
$C_{o,1}$ & C_1	initial concentration of M_1^{n+} as $[M_1^{n+}]$, & M_1, $mol.m^{-3}$
$C_{o,2}$ & C_2	initial concentration of M_2^{n+} as $[M_2^{n+}]$, & M_2, $mol.m^{-3}$
$k_{e,1}$ & $k_{e,2}$	electrochemical rate constants for species #1 & #2, $m.s^{-1}$
n_1 & n_2	number of electrons involved in reactions 1 & 2
A	area of the working electrode, m^2
i	current density (= Current (I) /Area (A)), $A.m^{-2}$
I_F & I_{cap}	Faradaic & capacitive currents, A
T	temperature, K
$E_1°$ & $E_2°$	standard reduction potentials of $M_1^{n+}|M_1$ & $M_2^{n+}|M_2$, V
E	single electrode potential at given C_o & T, V
$E_{p,a}$ & $E_{p,c}$	anodic peak potential & cathodic peak potential, V
$I_{p,a}$ & $I_{p,c}$	anodic peak current & cathodic peak current, A
$E_{p,a/2}$	anodic half peak potential, potential at $I_{p,a/2}$, V
$E_{p,c/2}$	cathodic half peak potential, potential at $I_{p,c/2}$, V
η	overpotential (= E - E°), V
i_o	exchange current density, $A.m^{-2}$
t	time, s
Q	charge (= I×t), Coulombs
$D_{o,1}$ & $D_{r,1}$	diffusion coefficients of M_1^{n+} & M_1 respectively, $m^2.s^{-1}$
α_a & α_c	anodic & cathodic charge transfer coefficients
F	Faraday's constant, 96485 $C.mol^{-1}$
$C_{p,1}$	initial concentration of P_1, $mol.m^{-3}$
$D_{p,1}$	diffusion coefficient of P_1, $m^2.s^{-1}$
$k_{f,1}$	chemical rate constant, forward reaction #1, s^{-1}
$k_{b,1}$	chemical rate constant, backward reaction #1, s^{-1}
ν	scan rate, $V.s^{-1}$
N	number of cycles

*These are the default (SI) units and are not specified against symbols

Simulated Cyclic Voltammograms: Basics of Electrochemical Kinetics

Fundamental equations of electrochemical kinetics

Nernst equation: $E = E^o - \frac{RT}{nF} \log_e \frac{[M]}{[M^{n+}]}$

Butler-Volmer equation: $i = i_o \left\{ \exp\left(\frac{\alpha_a nF}{RT}\eta\right) - \exp\left(-\frac{\alpha_c nF}{RT}\eta\right) \right\}$

Rate constant for cathodic reduction of M^{n+}: $k_r = \frac{i_c}{nF[M^{n+}]^{\alpha_c}}$

Rate constant for anodic oxidation of $M^{(n-1)+}$: $k_o = \frac{i_a}{nF[M^{(n-1)+}]^{\alpha_a}}$

For E_r, $\alpha_a = \alpha_c = 0.5$ or $\alpha_a + \alpha_c = 1$

Equilibrium constant is, $K = \frac{i_o}{nF[M^{(n-1)+}]^{\alpha_a}[M^{n+}]^{\alpha_c}} = \exp\left(\frac{nFE}{RT}\right)$

At high anodic overpotential, $\eta > 0$ (positive), anodic current density, $i = i_a = i_o \times \left\{ \exp\left(\frac{\alpha_a nF}{RT}\eta\right) \right\}$

At high cathodic overpotential, $\eta < 0$ (negative), cathodic current density, $i = i_c = i_o \times \left\{ -\exp\left(-\frac{\alpha_c nF}{RT}\eta\right) \right\}$

At equilibrium, $i_o = i_a = i_c$ where $\eta = 0$

Tafel equation

at high anodic overpotential, $\eta > 0$ (positive), anodic current density, $i_a = i_o \times \left\{ \exp\left(\frac{\alpha_a nF}{RT}\eta\right) \right\}$ or $\log i_a = \log i_o + \left(\frac{\alpha_a nF}{RT}\eta_{anode}\right)$

at high cathodic overpotential, $\eta < 0$ (negative), cathodic current density, $i_c = i_o \times \left\{ -\exp\left(\frac{\alpha_c nF}{RT}\eta\right) \right\}$ or $\log i_c = \log i_o - \left(\frac{\alpha_c nF}{RT}\eta_{cathode}\right)$

Tafel plot

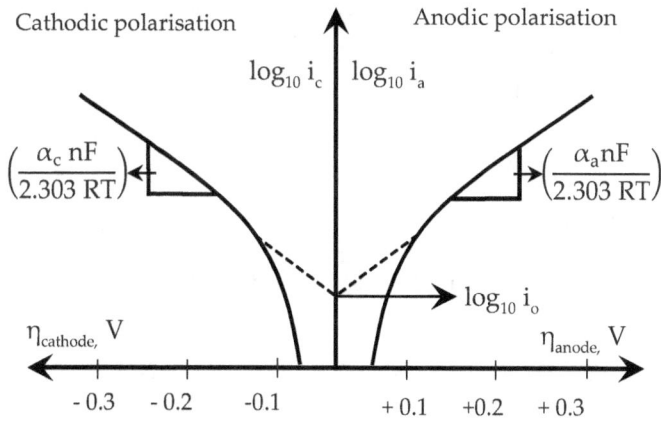

For 1 e⁻ transfer, at 298 K, $\left(\frac{2.303\,RT}{\alpha nF}\right) \approx 118$ mV decade⁻¹, at $\alpha = 0.5$.

Electrochemical reversibility

It is formally defined as the ratio of charge transfer to mass transfer, and mass transfer is dependent on the scan rate and is given as: $\Lambda = \dfrac{k}{\sqrt{D\left(\frac{F}{RT}\right)v}}$

For reversible process (E_r):

$\Lambda \geq 15;\ k \geq 0.3v^{0.5}$ cm/s

For quasi-reversible process (E_q):

$15 > \Lambda > 10^{-2(1+\alpha)};\ 0.3v^{0.5}\ k \geq 2\times10^{-5}\ v^{0.5}$ cm/s

For irreversible process (E_i):

$\Lambda \leq 10^{-2(1+\alpha)};\ k \leq 2\times10^{-5}\ v^{0.5}$ cm/s

Simulated Cyclic Voltammograms: Basics of Electrochemical Kinetics

For E_r

$$\Delta E_p = E_{p,a} - E_{p,c} \approx \frac{0.059}{n}$$

$$\left| E_{p,a} - E_{p/2} \right| \approx \frac{0.059}{n}$$

$$E° = \frac{E_{p,a} + E_{p,c}}{2}$$

$$\left| \frac{I_{p,a}}{I_{p,c}} \right| \approx 1 \text{ and } I_p \propto \sqrt{\nu}$$

E_p is independent of ν and beyond E_p, $I^{-2} \propto t$

For E_q

I_p increases with $\sqrt{\nu}$

I_p is not proportional to $\sqrt{\nu}$

$\left| \frac{I_{p,a}}{I_{p,c}} \right| \approx 1$ at $\alpha_a = \alpha_c = 0.5$

$$\Delta E_p > \frac{0.059}{n}$$

ΔE_p increases with ν

$E_{p,c}$ shifts negatively with increasing ν

For E_i

No significant reverse peak

$I_{p,c} \propto \sqrt{\nu}$

E_p shifts $-\frac{30}{\alpha n}$ mV for each decade increase in ν.

$$\left| E_p - E_{p/2} \right| \approx \frac{0.048}{\alpha n}$$

Cottrell equation: $I = \frac{nFAC_o\sqrt{D}}{\sqrt{\Pi t}}$ (Limiting current)

Anson equation: $Q = 2nFAC_o\sqrt{\dfrac{Dt}{\Pi}}$

Randles–Ševčík equation: $I_P = 0.4463\, nFAC_o \sqrt{\dfrac{nFvD}{RT}}$

For E_r, the plot I_P vs. $\sqrt{v}$ is linear.

Simulated Cyclic Voltammograms: Basics of Electrochemical Kinetics

List of Cyclic Voltammograms

1. IUPAC convention of a cyclic voltammogram — 1
2. Capacitive and Faradaic currents — 1
3. E_r at $n_1 = 1$ — 2
4. E_r at $n_1 = 2$ — 3
5. E_r at $n_1 = 3$ — 4
6. E_r at variations in n_1 — 5
7. E_r at $C_{o,1} = 0.5E3$ — 6
8. E_r at $C_{o,1} = 1E3$ — 7
9. E_r at $C_{o,1} = 2E3$ — 8
10. E_r at variations in $C_{o,1}$ — 9
11. E_r at $D_{o,1} = 1E\text{-}9$ — 10
12. E_r at $D_{o,1} = 1E\text{-}10$ — 11
13. E_r at $D_{o,1} = 1E\text{-}11$ — 12
14. E_r at variations in $D_{o,1}$ — 13
15. E_r at $D_{r,1} = 1E\text{-}9$ — 14
16. E_r at $D_{r,1} = 1E\text{-}10$ — 15
17. E_r at $D_{r,1} = 1E\text{-}11$ — 16
18. E_r at variations in $D_{r,1}$ — 17
19. E_r at $E_1^\circ = -0.4$ — 18
20. E_r at $E_1^\circ = -0.5$ — 19
21. E_r at $E_1^\circ = -0.6$ — 20
22. E_r at variations in E_1° — 21
23. E_r at $k_{e,1} = 1E0$ — 22
24. E_r at $k_{e,1} = 1E\text{-}2$ — 23
25. E_r at $k_{e,1} = 1E\text{-}4$ — 24
26. E_r at variations in $k_{e,1}$ — 25
27. E_r at large variations in $k_{e,1}$ — 26
28. E_r at $\alpha_{c,1} = 0$ — 27
29. E_r at $\alpha_{c,1} = 0.5$ — 28
30. E_r at $\alpha_{c,1} = 1$ — 29
31. E_r at variations in $\alpha_{c,1}$ — 30
32. E_r at $\nu = 1E\text{-}2$ — 31
33. E_r at $\nu = 2E\text{-}2$ — 32
34. E_r at $\nu = 4E\text{-}2$ — 33
35. E_r at $\nu = 6E\text{-}2$ — 34
36. E_r at $\nu = 8E\text{-}2$ — 35
37. E_r at $\nu = 10E\text{-}2$ — 36
38. E_r at variations in ν — 37
39. I_p vs. $\nu^{0.5}$ at E_r — 38

Simulated Cyclic Voltammograms: Basics of Electrochemical Kinetics

40. E_2 at $E_2^\circ = -0.3$ — 39
41. E_2 at $E_2^\circ = -0.4$ — 40
42. E_2 at $E_2^\circ = -0.6$ — 41
43. E_2 at $E_2^\circ = -0.7$ — 42
44. E_2 at variations in E_2° — 43
45. E_2 at $C_{o,2} = 0.5E3$ — 44
46. E_2 at $C_{o,2} = 1E3$ — 45
47. E_2 at $C_{o,2} = 1.5E3$ — 46
48. E_2 at variations in $C_{o,2}$ — 47
49. E_2 at $n_2 = 1$ — 48
50. E_2 at $n_2 = 2$ — 49
51. E_2 at $n_2 = 3$ — 50
52. E_2 at variations in n_2 — 51
53. E_2 at $D_{o,2} = 0.5E-9$ — 52
54. E_2 at $D_{o,2} = 1E-9$ — 53
55. E_2 at $D_{o,2} = 2E-9$ — 54
56. E_2 at variations in $D_{o,2}$ — 55
57. E_2 at variations in n_1 & n_2 — 56
58. E_2 at $D_{r,2} = 0.5E-9$ — 57
59. E_2 at $D_{r,2} = 1E-9$ — 58
60. E_2 at $D_{r,2} = 2E-9$ — 59
61. E_2 at variations in $D_{r,2}$ — 60
62. E_1 at variations in $k_{e,1}$ — 61
63. E_2 at $k_{e,2} = 1E2$ — 62
64. E_2 at $k_{e,2} = 1E-11$ — 63
65. E_2 at variations in $k_{e,2}$ — 64
66. E_2 at $k_{e,1}$ & $k_{e,2} = 1E-11$ — 65
67. E_2 at variations in C_2 — 66
68. E_2 at $\nu = 1E-2$ — 67
69. E_2 at $\nu = 2E-2$ — 68
70. E_2 at $\nu = 4E-2$ — 69
71. E_2 at $\nu = 6E-2$ — 70
72. E_2 at $\nu = 8E-2$ — 71
73. E_2 at $\nu = 10E-2$ — 72
74. E_2 at variations in ν — 73
75. E_q at $\nu = 1E-2$ — 74
76. E_q at $\nu = 2E-2$ — 75
77. E_q at $\nu = 4E-2$ — 76
78. E_q at $\nu = 6E-2$ — 77
79. E_q at $\nu = 8E-2$ — 78
80. E_q at $\nu = 10E-2$ — 79

Simulated Cyclic Voltammograms: Basics of Electrochemical Kinetics

81. E_q at $v = 20E-2$ — 80
82. E_q at variations in v — 81
83. I_p vs. $v^{0.5}$ for E_q — 82
84. E_2 at $C_{o,1} = 0$ & $C_1 = 1E3$ — 83
85. E_2 at $C_{o,2} = 0$ & $C_2 = 1E3$ — 84
86. $E_{q,1} C_{i,1}$ at $k_{f,1} = 1E1$ — 85
87. $E_{i,1} C_{i,1}$ at $k_{f,1} = 1E2$ — 86
88. $E_{i,1} C_{i,1}$ at $k_{f,1} = 1E3$ — 87
89. $E_{i,1} C_{i,1}$ at variations in $k_{f,1}$ — 88
90. $E_{r,1} C_{r,1}$ at $k_{b,1} = 1$ — 89
91. $E_{r,1} C_{i,1}$ at $k_{b,1} = 10$ — 90
92. $E_{r,1} C_{i,1}$ at $k_{b,1} = 100$ — 91
93. $E_{r,1} C_{i,1}$ at variations in $k_{b,1}$ — 92
94. $E_{r,1} C_{r,1}$ at $C_{p,1} = 1$ — 93
95. $E_{r,1} C_{r,1}$ at $C_{p,1} = 0.5E2$ — 94
96. $E_{r,1} C_{r,1}$ at $C_{p,1} = 1E2$ — 95
97. $E_{r,1} C_{r,1}$ at variations in $C_{p,1}$ — 96
98. $E_{i,1} C_{i,1}$ at $C_1 = 1E-2$ — 97
99. $E_{i,1} C_{i,1}$ at $C_1 = 1E2$ — 98
100. $E_{q,1} C_{i,1}$ at $N = 1$ — 99
101. $E_{q,1} C_{i,1}$ at $N = 5$ — 100
102. $E_{q,1} C_{i,1}$ at $N = 10$ — 101
103. $E_{q,1} C_{i,1}$ at $N = 100$ — 102
104. $E_{q,1} C_{i,1}$ at variations in N — 103
105. $E_{q,1} C_{i,1}$ at $D_{p,1} = 1E-8$ — 104
106. $E_{q,1} C_{i,1}$ at $D_{p,1} = 1E-9$ — 105
107. $E_{q,1} C_{i,1}$ at $D_{p,1} = 1E-10$ — 106
108. $E_{q,1} C_{i,1}$ at variations in $D_{p,1}$ — 107
109. $E_{q,2} C_{i,1}$ at $E_2° = -0.4$ — 108
110. $E_{q,2} C_{i,1}$ at $E_2° = -0.6$ — 109
111. $E_{q,2} C_{i,1}$ at $n_2 = 3$ — 110
112. $E_{q,2} C_{i,1}$ at $N = 1E2$ — 111
113. $E_{q,2} C_{i,1}$ at variations in N — 112
114. $E_{q,2} C_{i,1}$ at $T = 293$ — 113
115. $E_{q,2} C_{i,1}$ at $T = 323$ — 114
116. $E_{q,2} C_{i,1}$ at variations in T — 115
117. $E_{q,2} C_{i,1}$ at $D_{p,2} = 1E-5$ — 116
118. $E_{q,2} C_{i,1}$ at $D_{p,2} = 1E-9$ — 117
119. $E_{q,2} C_{i,1}$ at $D_{p,2} = 1E-13$ — 118
120. $E_{q,2} C_{i,1}$ at variations in $D_{p,2}$ — 119
121. $E_{q,2} C_{i,1}$ at $C_{p,1} = 0$ — 120

122. $E_{q,2} C_{i,1}$ at $C_{p,1}$ = 1E2 — 121
123. $E_{q,2} C_{i,1}$ at $C_{p,1}$ & $D_{p,1}$ = 1E2 & 1E-5 — 122
124. $E_{q,2} C_{i,1}$ at C_1 = 0 & $C_{p,1}$ = 1E1 — 123
125. $E_{q,2} C_{i,1}$ at C_1 = 1E1 & $C_{p,1}$ = 1E1 — 124
126. $E_{q,2} C_{i,1}$ at C_1 = 1E1 & $C_{p,1}$ = 0 — 125
127. $E_{q,2} C_{i,2}$ at variations in v — 126
128. $E_{q,2} C_{i,2}$ at $k_{f,2}$ = 10 — 127
129. $E_{q,2} C_{i,2}$ at $k_{f,2}$ = 100 — 128
130. $E_{q,2} C_{i,2}$ at $k_{e,2}$ = 1E-11 — 129
131. $E_{q,2} C_{i,2}$ at C_2 = 1E3 — 130
132. $E_{q,2} C_{i,2}$ at $C_{p,2}$ = 1E3 — 131
133. $E_{q,2} C_{i,1}$ at variations in $D_{r,2}$ — 132
    Index — 133

Simulated Cyclic Voltammograms: Basics of Electrochemical Kinetics

1. IUPAC convention of a cyclic voltammogram

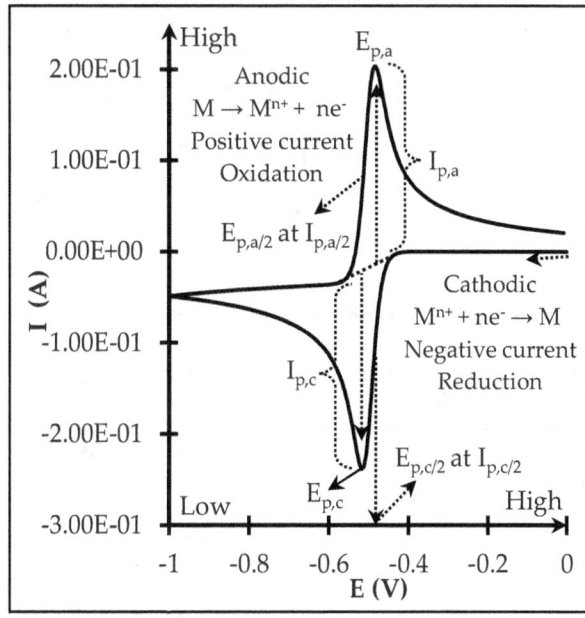

2. Capacitive and Faradaic currents

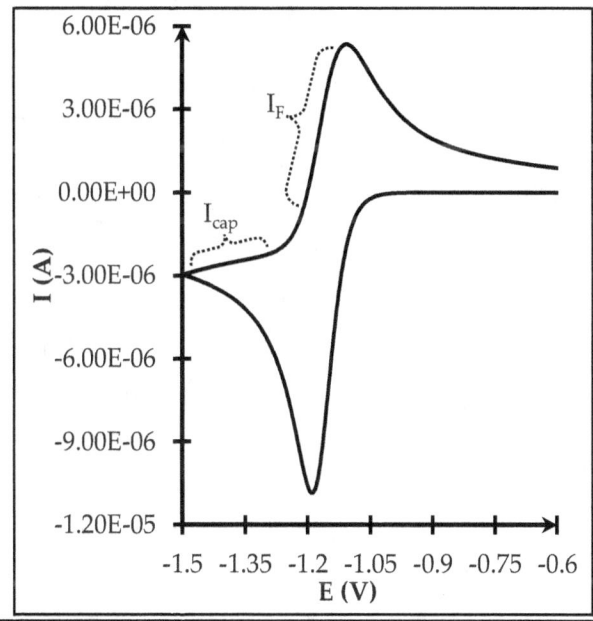

3. E_r at $n_1 = 1$

$M_1^{n+} + n_1e^- = M_1$			
$C_{o,1}$	1E3	T	303
C_1	0	A	1E-4
n_1	1	$D_{o,1}$	1E-9
$E_1°$	-0.5	$D_{r,1}$	1E-9
$k_{e,1}$	1E-2	N	1
$k_{e,2}$	NA	α_c	0.5
$k_f \& k_b$	NA	ν	1E-2

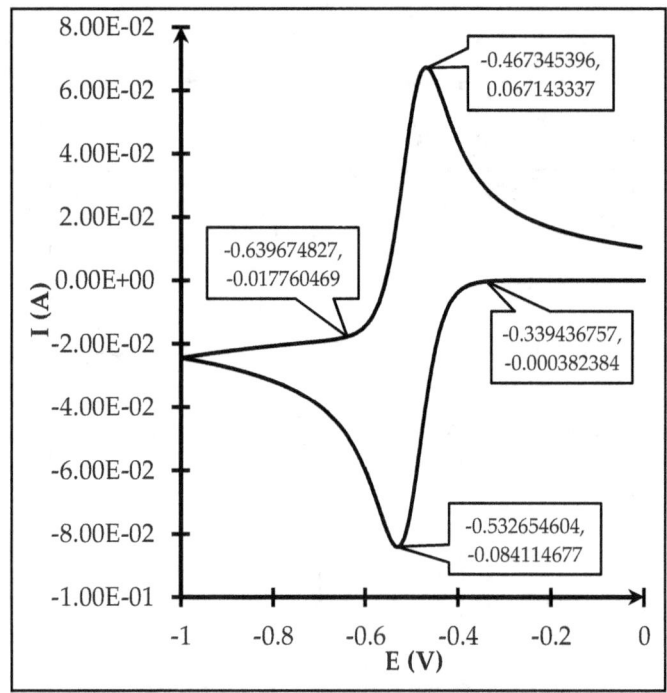

4. E_r at $n_1 = 2$

$M_1^{n+} + n_1e^- = M_1$			
$C_{o,1}$	1E3	T	303
C_1	0	A	1E-4
n_1	2	$D_{o,1}$	1E-9
$E_1°$	-0.5	$D_{r,1}$	1E-9
$k_{e,1}$	1E-2	N	1
$k_{e,2}$	NA	α_c	0.5
k_f & k_b	NA	ν	1E-2

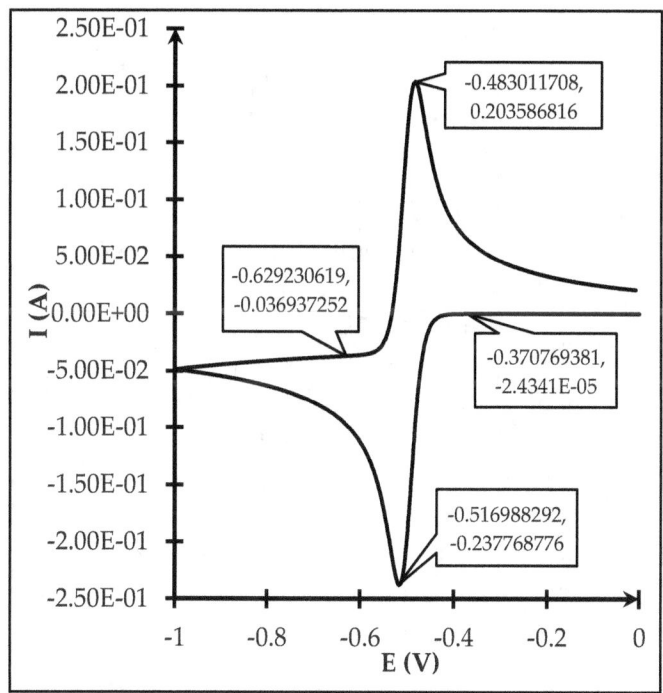

5. E_r at $n_1 = 3$

$M_1^{n+} + n_1e^- = M_1$			
$C_{o,1}$	1E3	T	303
C_1	0	A	1E-4
n_1	3	$D_{o,1}$	1E-9
E_1°	-0.5	$D_{r,1}$	1E-9
$k_{e,1}$	1E-2	N	1
$k_{e,2}$	NA	$\alpha_{c,1}$	0.5
k_f & k_b	NA	ν	1E-2

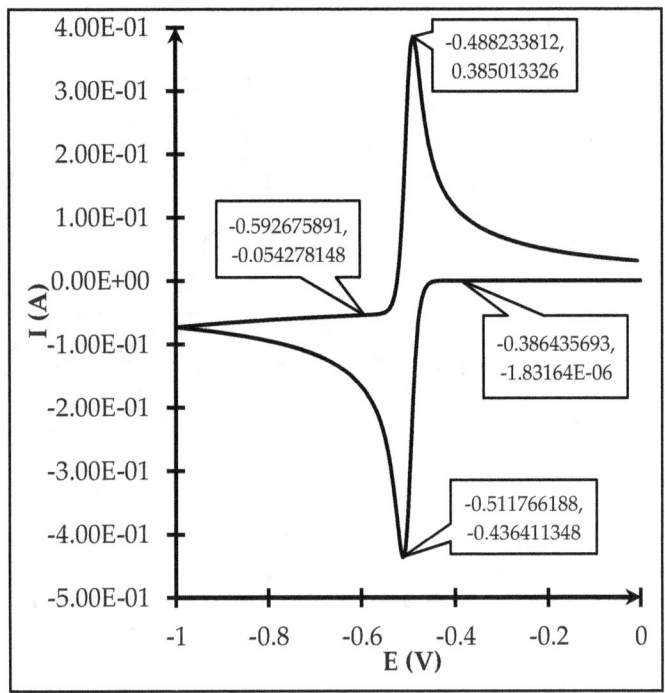

6. E_r at variations in n_1

$M_1{}^{n+} + n_1e^- = M_1$			
$C_{o,1}$	1E3	T	303
C_1	0	A	1E-4
n_1	1, 2, 3	$D_{o,1}$	1E-9
$E_1{}^\circ$	-0.5	$D_{r,1}$	1E-9
$k_{e,1}$	1E-2	N	1
$k_{e,2}$	NA	$\alpha_{c,1}$	0.5
k_f & k_b	NA	ν	1E-2

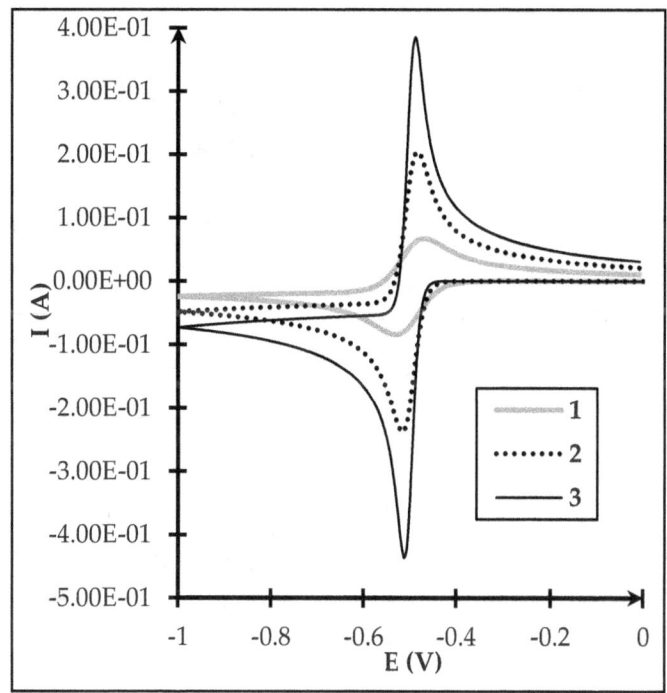

7. E_r at $C_{o,1} = 0.5E3$

$M_1^{n+} + n_1e^- = M_1$			
$C_{o,1}$	0.5E3	T	303
C_1	0	A	1E-4
n_1	2	$D_{o,1}$	1E-9
$E_1°$	-0.5	$D_{r,1}$	1E-9
$k_{e,1}$	1E-2	N	1
$k_{e,2}$	NA	$\alpha_{c,1}$	0.5
k_f & k_b	NA	ν	1E-2

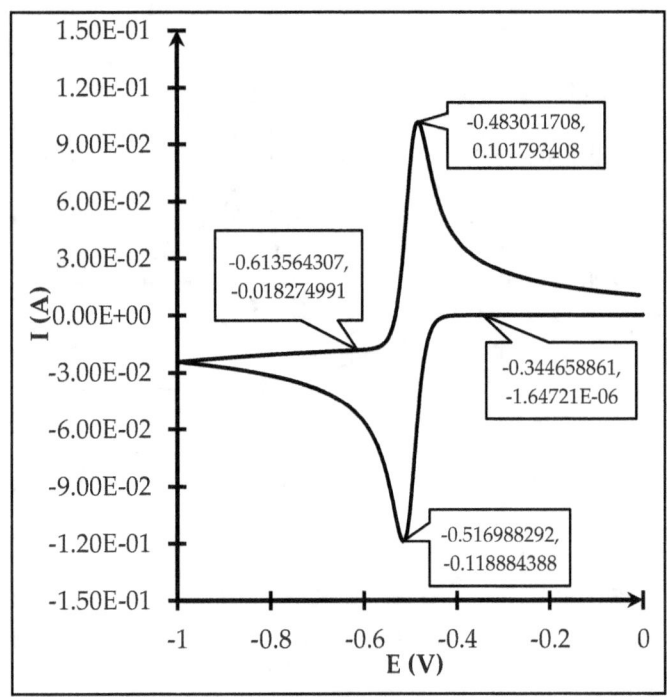

Simulated Cyclic Voltammograms: Basics of Electrochemical Kinetics

8. E_r at $C_{o,1}$ = 1E3

$M_1^{n+} + n_1e^- = M_1$			
$C_{o,1}$	1E3	T	303
C_1	0	A	1E-4
n_1	2	$D_{o,1}$	1E-9
$E_1°$	-0.5	$D_{r,1}$	1E-9
$k_{e,1}$	1E-2	N	1
$k_{e,2}$	NA	$\alpha_{c,1}$	0.5
k_f & k_b	NA	ν	1E-2

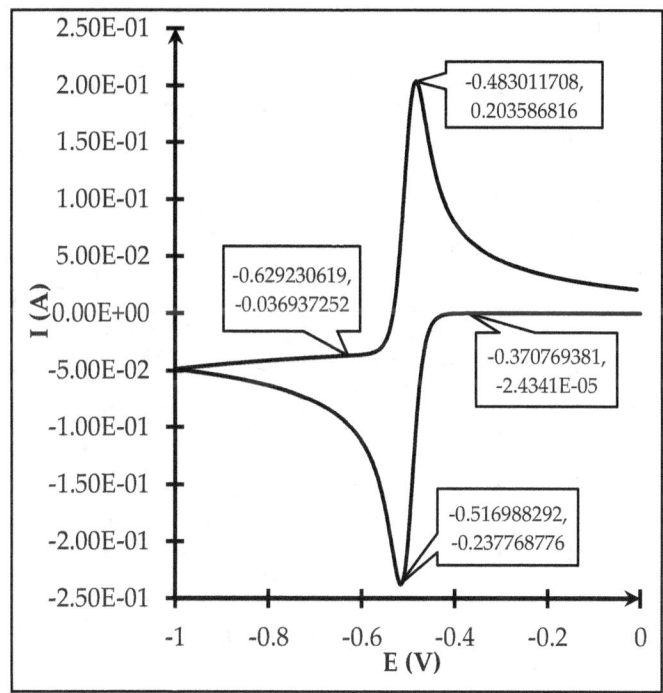

9. E_r at $C_{o,1} = 2E3$

$M_1^{n+} + n_1 e^- = M_1$			
$C_{o,1}$	2E3	T	303
C_1	0	A	1E-4
n_1	2	$D_{o,1}$	1E-9
$E_1°$	-0.5	$D_{r,1}$	1E-9
$k_{e,1}$	1E-2	N	1
$k_{e,2}$	NA	$\alpha_{c,1}$	0.5
$k_f \& k_b$	NA	ν	1E-2

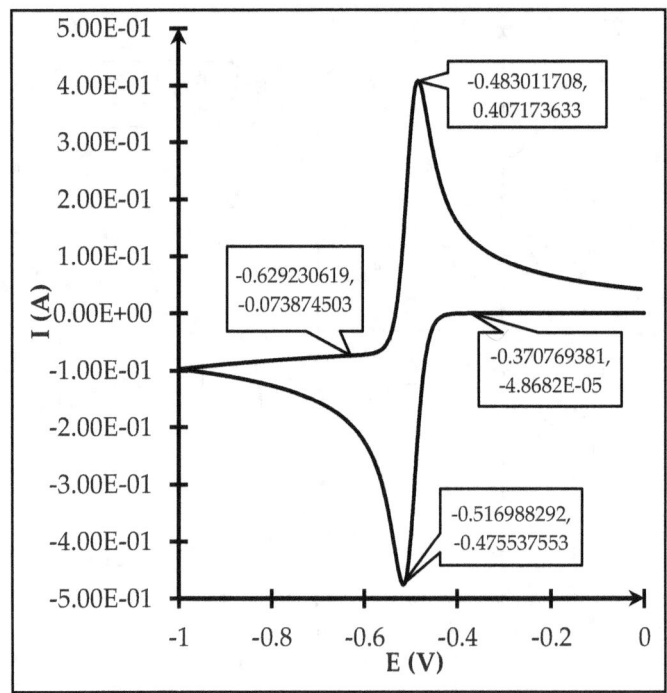

10. E_r at variations in $C_{o,1}$

$M_1^{n+} + n_1e^- = M_1$			
$C_{o,1}$	5E2, 1E3, 2E3	T	303
C_1	0	A	1E-4
n_1	2	$D_{o,1}$	1E-9
$E_1°$	-0.5	$D_{r,1}$	1E-9
$k_{e,1}$	1E-2	N	1
$k_{e,2}$	NA	$\alpha_{c,1}$	0.5
k_f & k_b	NA	ν	1E-2

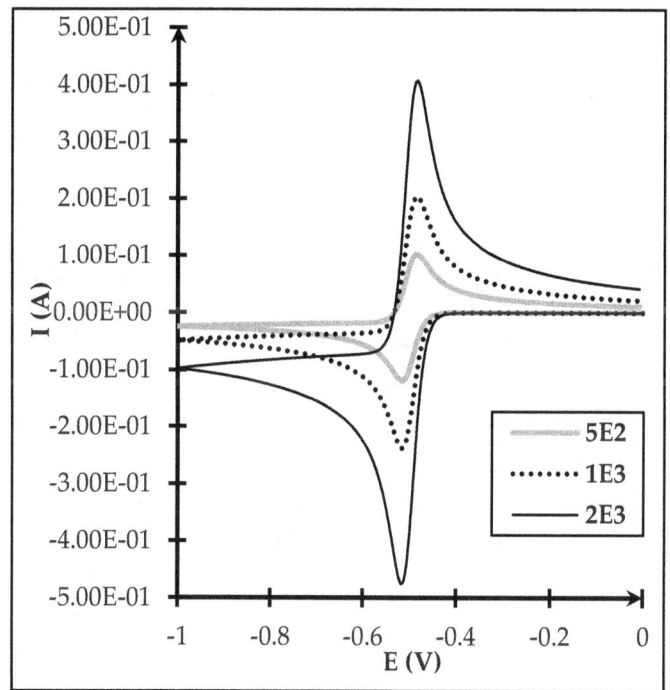

Simulated Cyclic Voltammograms: Basics of Electrochemical Kinetics

11. E_r at $D_{o,1} = 1E-9$

$M_1^{n+} + n_1e^- = M_1$			
$C_{o,1}$	1E3	T	303
C_1	0	A	1E-4
n_1	1	$D_{o,1}$	1E-9
$E_1°$	-0.5	$D_{r,1}$	1E-9
$k_{e,1}$	1E-2	N	1
$k_{e,2}$	NA	$\alpha_{c,1}$	0.5
k_f & k_b	NA	ν	1E-2

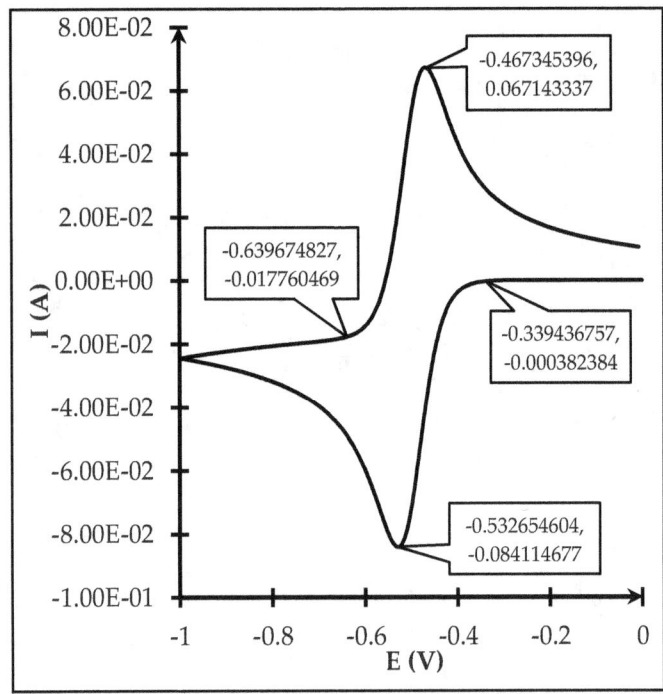

Simulated Cyclic Voltammograms: Basics of Electrochemical Kinetics

12. E_r at $D_{o,1}$ = 1E-10

$M_1^{n+} + n_1 e^- = M_1$			
$C_{o,1}$	1E3	T	303
C_1	0	A	1E-4
n_1	1	$D_{o,1}$	1E-10
$E_1°$	-0.5	$D_{r,1}$	1E-9
$k_{e,1}$	1E-2	N	1
$k_{e,2}$	NA	$\alpha_{c,1}$	0.5
k_f & k_b	NA	ν	1E-2

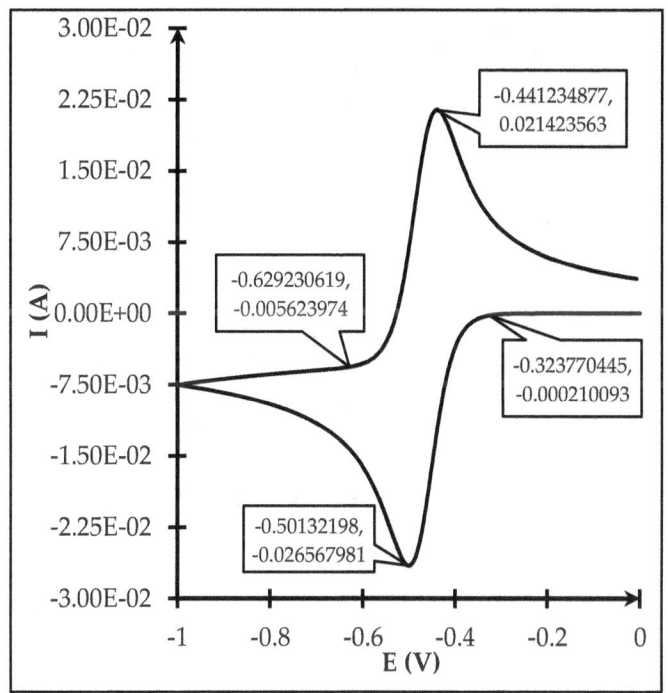

Simulated Cyclic Voltammograms: Basics of Electrochemical Kinetics

13. E_r at $D_{o,1}$ = 1E-11

$M_1^{n+} + n_1e^- = M_1$			
$C_{o,1}$	1E3	T	303
C_1	0	A	1E-4
n_1	1	$D_{o,1}$	1E-11
$E_1°$	-0.5	$D_{r,1}$	1E-9
$k_{e,1}$	1E-2	N	1
$k_{e,2}$	NA	$\alpha_{c,1}$	0.5
k_f & k_b	NA	ν	1E-2

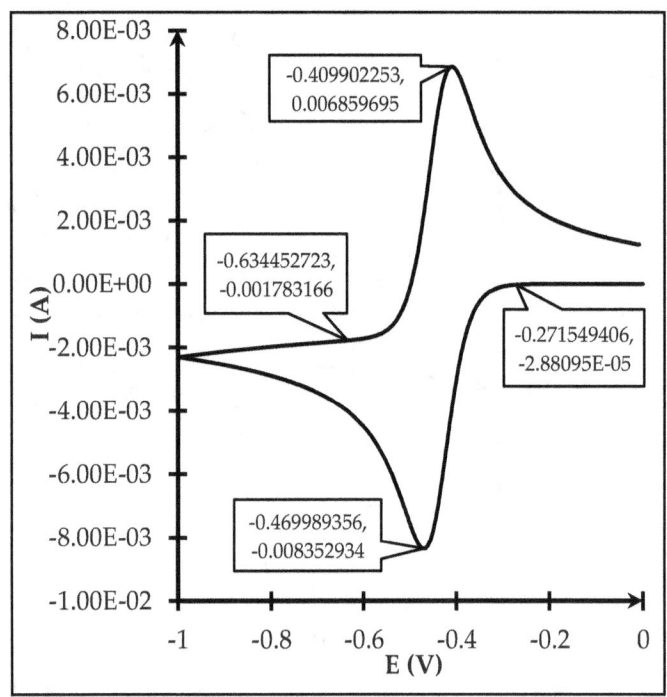

12

14. E_r at variations in $D_{o,1}$

$M_1^{n+} + n_1e^- = M_1$			
$C_{o,1}$	1E3	T	303
C_1	0	A	1E-4
n_1	1	$D_{o,1}$	1E-9, 1E-10, 1E-11
$E_1°$	-0.5	$D_{r,1}$	1E-9
$k_{e,1}$	1E-2	N	1
$k_{e,2}$	NA	$\alpha_{c,1}$	0.5
k_f & k_b	NA	ν	1E-2

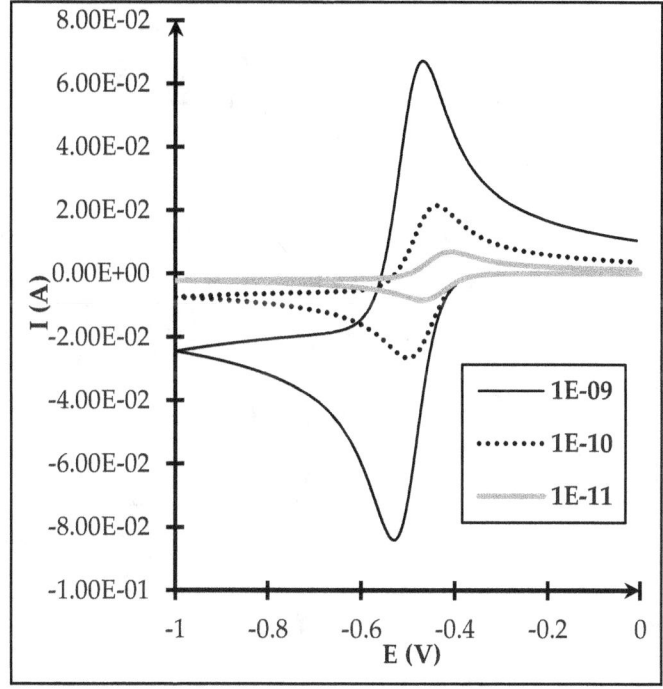

13

15. E_r at $D_{r,1} = 1E-9$

$M_1^{n+} + n_1e^- = M_1$			
$C_{o,1}$	1E3	T	303
C_1	0	A	1E-4
n_1	1	$D_{o,1}$	1E-9
E_1°	-0.5	$D_{r,1}$	1E-9
$k_{e,1}$	1E-2	N	1
$k_{e,2}$	NA	$\alpha_{c,1}$	0.5
k_f & k_b	NA	ν	1E-2

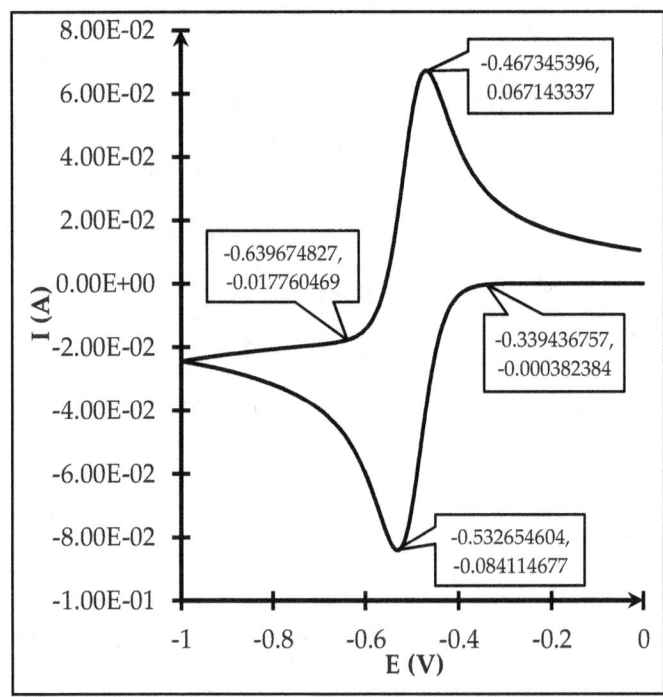

Simulated Cyclic Voltammograms: Basics of Electrochemical Kinetics

16. E_r at $D_{r,1}$ = 1E-10

$M_1^{n+} + n_1e^- = M_1$			
$C_{o,1}$	1E3	T	303
C_1	0	A	1E-4
n_1	1	$D_{o,1}$	1E-9
$E_1°$	-0.5	$D_{r,1}$	1E-10
$k_{e,1}$	1E-2	N	1
$k_{e,2}$	NA	$\alpha_{c,1}$	0.5
k_f & k_b	NA	ν	1E-2

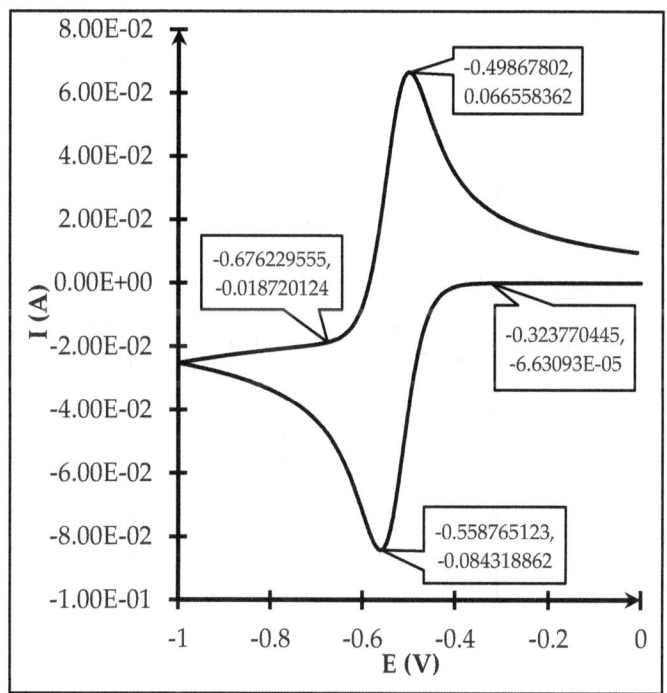

15

Simulated Cyclic Voltammograms: Basics of Electrochemical Kinetics

17. E_r at $D_{r,1}$ = 1E-11

$M_1^{n+} + n_1e^- = M_1$			
$C_{o,1}$	1E3	T	303
C_1	0	A	1E-4
n_1	1	$D_{o,1}$	1E-9
$E_1°$	-0.5	$D_{r,1}$	1E-11
$k_{e,1}$	1E-2	N	1
$k_{e,2}$	NA	$\alpha_{c,1}$	0.5
$k_f \& k_b$	NA	ν	1E-2

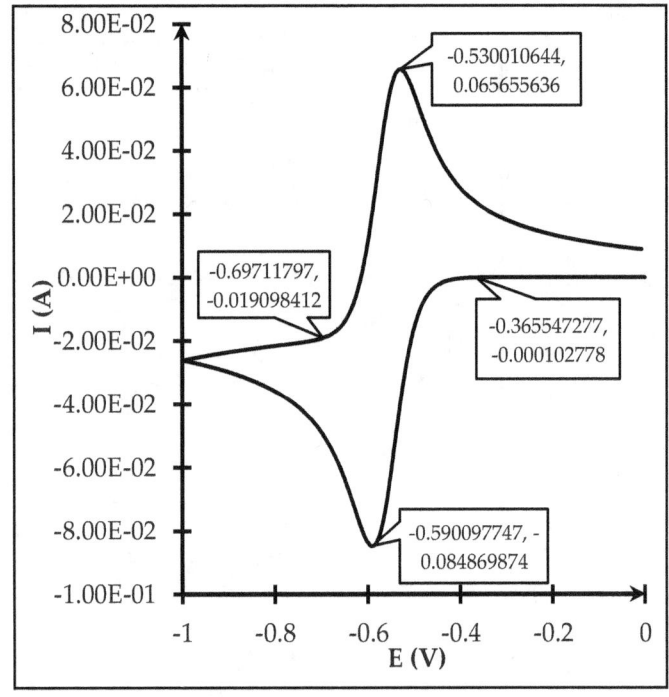

18. E_r at variations in $D_{r,1}$

$M_1^{n+} + n_1 e^- = M_1$			
$C_{o,1}$	1E3	T	303
C_1	0	A	1E-4
n_1	1	$D_{o,1}$	1E-9
$E_1°$	-0.5	$D_{r,1}$	1E-9, 1E-10, 1E-11
$k_{e,1}$	1E-2	N	1
$k_{e,2}$	NA	$\alpha_{c,1}$	0.5
k_f & k_b	NA	ν	1E-2

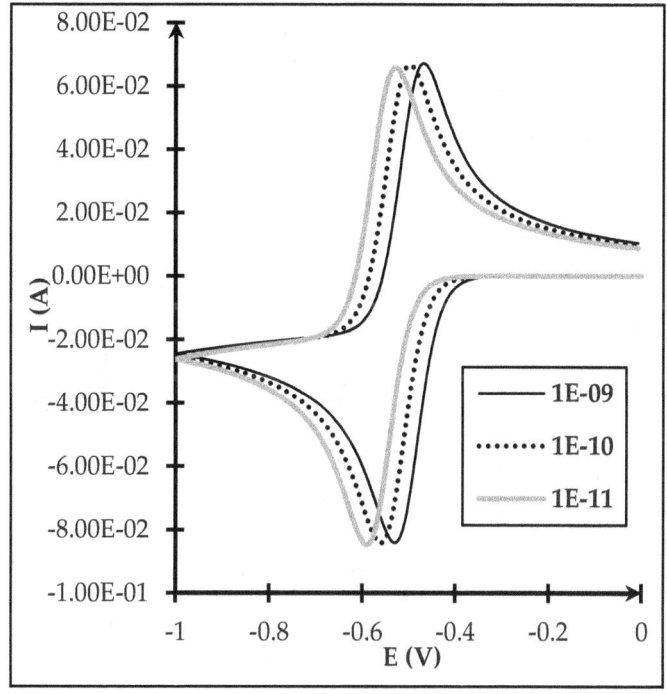

Simulated Cyclic Voltammograms: Basics of Electrochemical Kinetics

19. E_r at $E_1^\circ = -0.4$

$M_1^{n+} + n_1e^- = M_1$			
$C_{o,1}$	1E3	T	303
C_1	0	A	1E-4
n_1	2	$D_{o,1}$	1E-9
E_1°	-0.4	$D_{r,1}$	1E-9
$k_{e,1}$	1E-2	N	1
$k_{e,2}$	NA	$\alpha_{c,1}$	0.5
k_f & k_b	NA	ν	1E-2

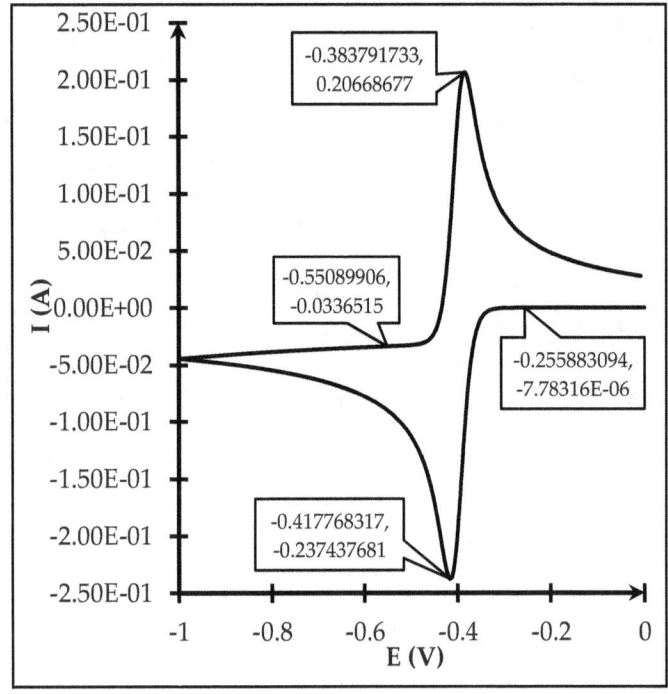

18

20. E_r at $E_1° = -0.5$

$M_1^{n+} + n_1 e^- = M_1$			
$C_{o,1}$	1E3	T	303
C_1	0	A	1E-4
n_1	2	$D_{o,1}$	1E-9
$E_1°$	-0.5	$D_{r,1}$	1E-9
$k_{e,1}$	1E-2	N	1
$k_{e,2}$	NA	$\alpha_{c,1}$	0.5
k_f & k_b	NA	ν	1E-2

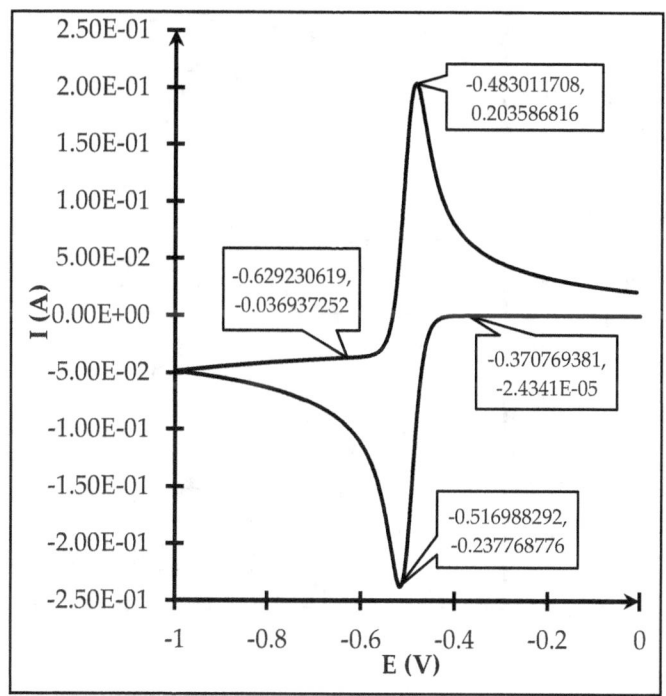

21. E_r at $E_1° = -0.6$

$M_1^{n+} + n_1e^- = M_1$			
$C_{o,1}$	1E3	T	303
C_1	0	A	1E-4
n_1	2	$D_{o,1}$	1E-9
$E_1°$	-0.6	$D_{r,1}$	1E-9
$k_{e,1}$	1E-2	N	1
$k_{e,2}$	NA	$\alpha_{c,1}$	0.5
k_f & k_b	NA	ν	1E-2

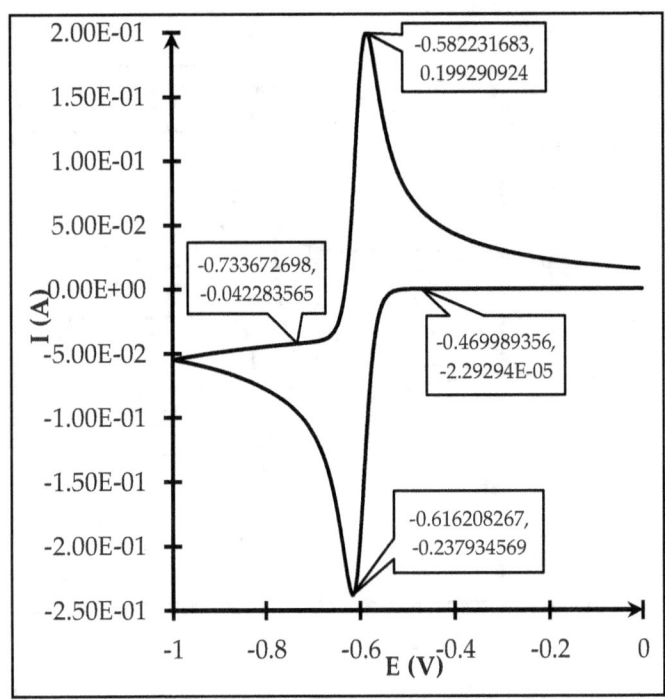

22. E_r at variations in $E_1°$

$M_1^{n+} + n_1e^- = M_1$			
$C_{o,1}$	1E3	T	303
C_1	0	A	1E-4
n_1	2	$D_{o,1}$	1E-9
$E_1°$	-0.4, -0.5, -0.6	$D_{r,1}$	1E-9
$k_{e,1}$	1E-2	N	1
$k_{e,2}$	NA	$\alpha_{c,1}$	0.5
k_f & k_b	NA	ν	1E-2

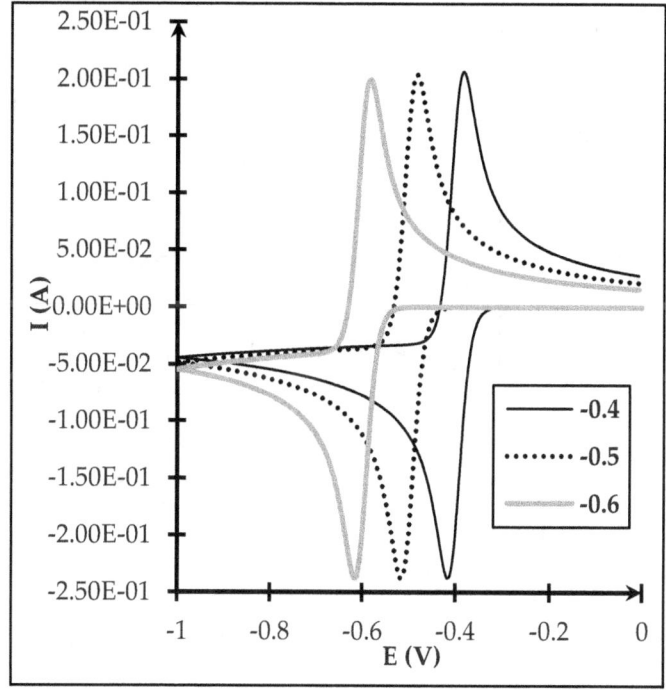

23. E_r at $k_{e,1}$ = 1E0

$M_1^{n+} + n_1e^- = M_1$			
$C_{o,1}$	1E3	T	303
C_1	0	A	1E-4
n_1	2	$D_{o,1}$	1E-9
$E_1°$	-0.5	$D_{r,1}$	1E-9
$k_{e,1}$	1E0	N	1
$k_{e,2}$	NA	$\alpha_{c,1}$	0.5
k_f & k_b	NA	ν	1E-2

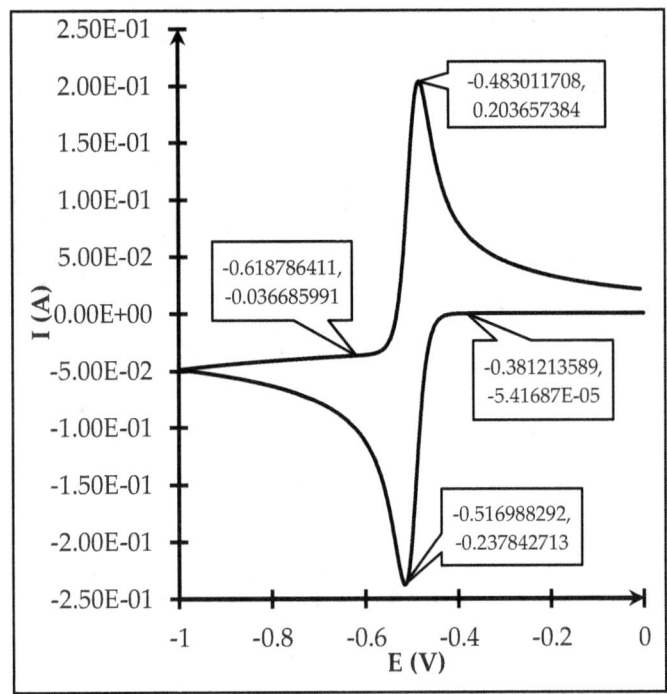

24. E_r at $k_{e,1}$ = 1E-2

$M_1^{n+} + n_1e^- = M_1$			
$C_{o,1}$	1E3	T	303
C_1	0	A	1E-4
n_1	2	$D_{o,1}$	1E-9
$E_1°$	-0.5	$D_{r,1}$	1E-9
$k_{e,1}$	1E-2	N	1
$k_{e,2}$	NA	$\alpha_{c,1}$	0.5
k_f & k_b	NA	ν	1E-2

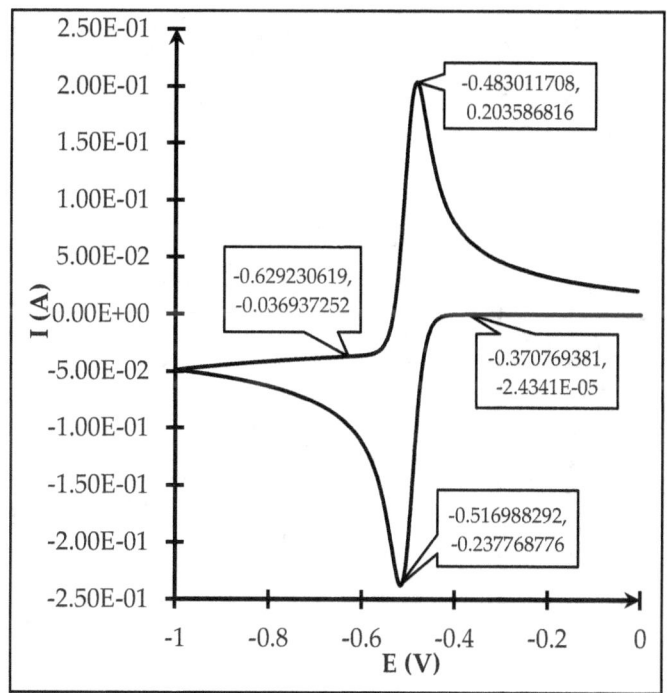

Simulated Cyclic Voltammograms: Basics of Electrochemical Kinetics

25. E_r at $k_{e,1}$ = 1E-4

$M_1^{n+} + n_1e^- = M_1$			
$C_{o,1}$	1E3	T	303
C_1	0	A	1E-4
n_1	2	$D_{o,1}$	1E-9
$E_1°$	-0.5	$D_{r,1}$	1E-9
$k_{e,1}$	1E-4	N	1
$k_{e,2}$	NA	$\alpha_{c,1}$	0.5
k_f & k_b	NA	ν	1E-2

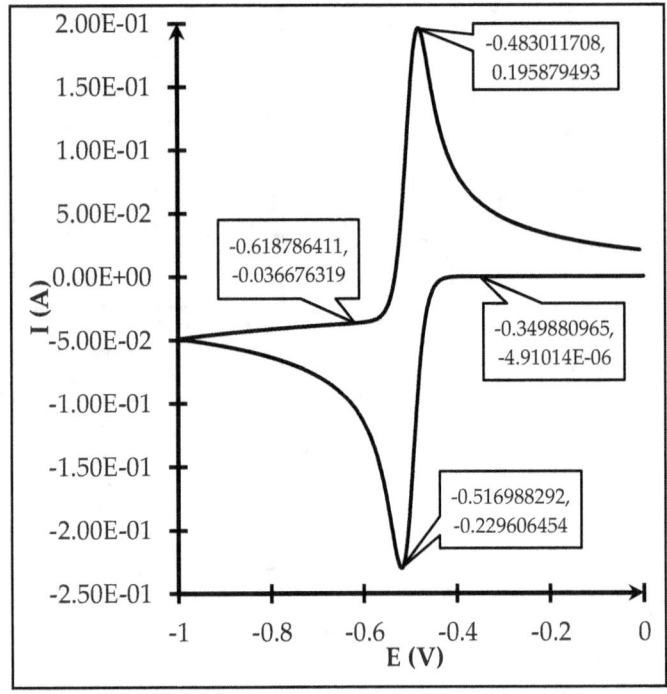

26. E_r at variations in $k_{e,1}$

$M_1^{n+} + n_1e^- = M_1$			
$C_{o,1}$	1E3	T	303
C_1	0	A	1E-4
n_1	2	$D_{o,1}$	1E-9
$E_1°$	-0.5	$D_{r,1}$	1E-9
$k_{e,1}$	1E0, 1E-2, 1E-4	N	1
$k_{e,2}$	NA	$\alpha_{c,1}$	0.5
k_f & k_b	NA	ν	1E-2

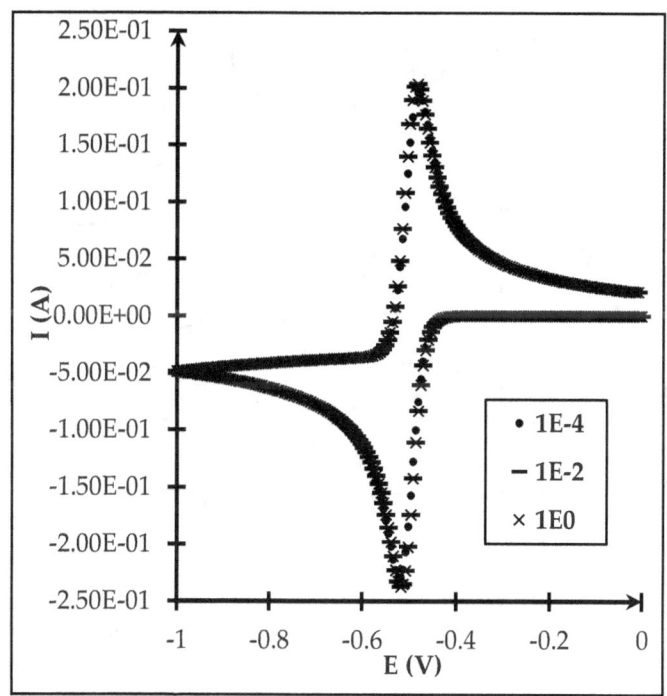

27. E_r at large variations in $k_{e,1}$

$M_1^{n+} + n_1 e^- = M_1$			
$C_{o,1}$	1E3	T	303
C_1	0	A	1E-4
n_1	2	$D_{o,1}$	1E-9
$E_1°$	-0.5	$D_{r,1}$	1E-9
$k_{e,1}$	1E-6, 1E+2	N	1
$k_{e,2}$	NA	$\alpha_{c,1}$	0.5
k_f & k_b	NA	ν	1E-2

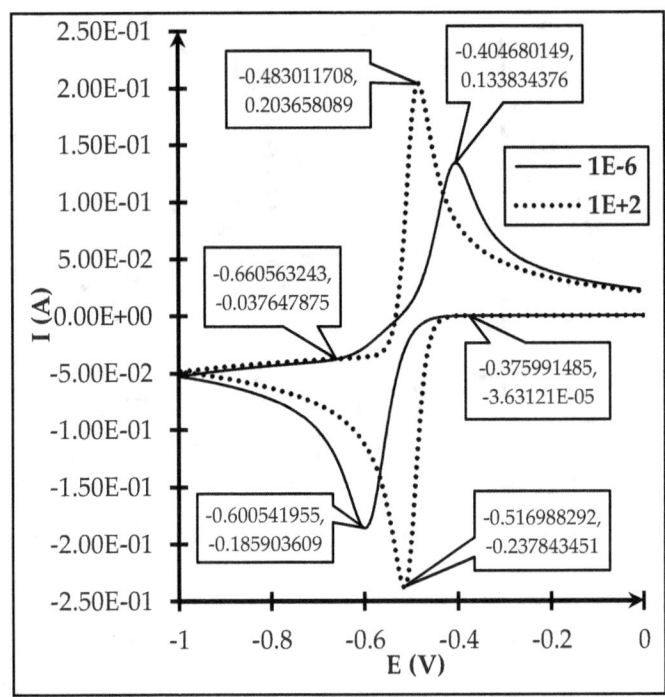

Simulated Cyclic Voltammograms: Basics of Electrochemical Kinetics

28. E_r at $\alpha_{c,1} = 0$

$M_1^{n+} + n_1e^- = M_1$			
$C_{o,1}$	1E3	T	303
C_1	0	A	1E-4
n_1	3	$D_{o,1}$	1E-9
$E_1°$	-0.5	$D_{r,1}$	1E-9
$k_{e,1}$	1E-2	N	1
$k_{e,2}$	NA	$\alpha_{c,1}$	0
k_f & k_b	NA	ν	1E-2

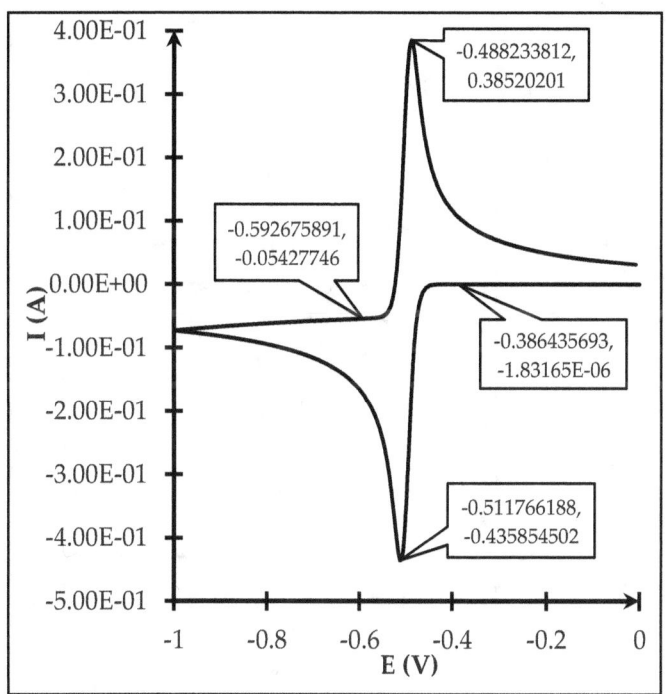

29. E_r at $\alpha_{c,1} = 0.5$

$M_1^{n+} + n_1e^- = M_1$			
$C_{o,1}$	1E3	T	303
C_1	0	A	1E-4
n_1	3	$D_{o,1}$	1E-9
$E_1°$	-0.5	$D_{r,1}$	1E-9
$k_{e,1}$	1E-2	N	1
$k_{e,2}$	NA	$\alpha_{c,1}$	0.5
k_f & k_b	NA	v	1E-2

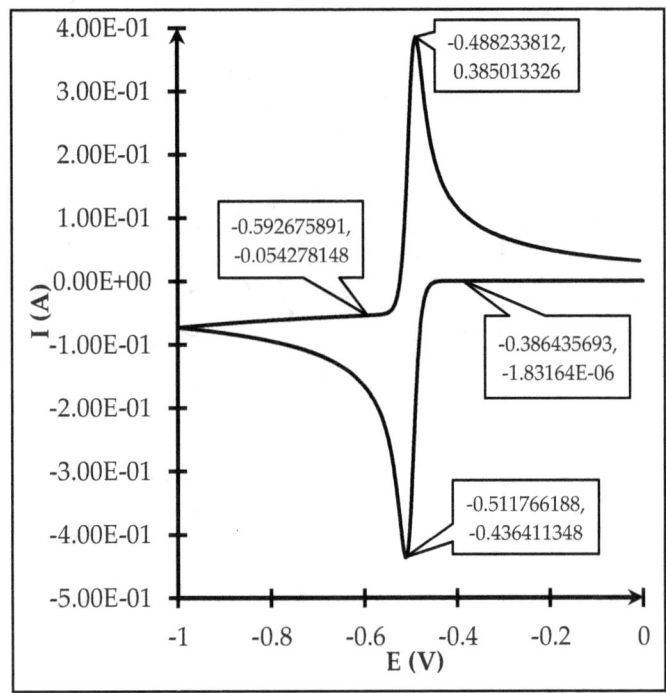

30. E_r at $\alpha_{c,1} = 1$

$M_1^{n+} + n_1e^- = M_1$			
$C_{o,1}$	1E3	T	303
C_1	0	A	1E-4
n_1	3	$D_{o,1}$	1E-9
$E_1°$	-0.5	$D_{r,1}$	1E-9
$k_{e,1}$	1E-2	N	1
$k_{e,2}$	NA	$\alpha_{c,1}$	1
k_f & k_b	NA	ν	1E-2

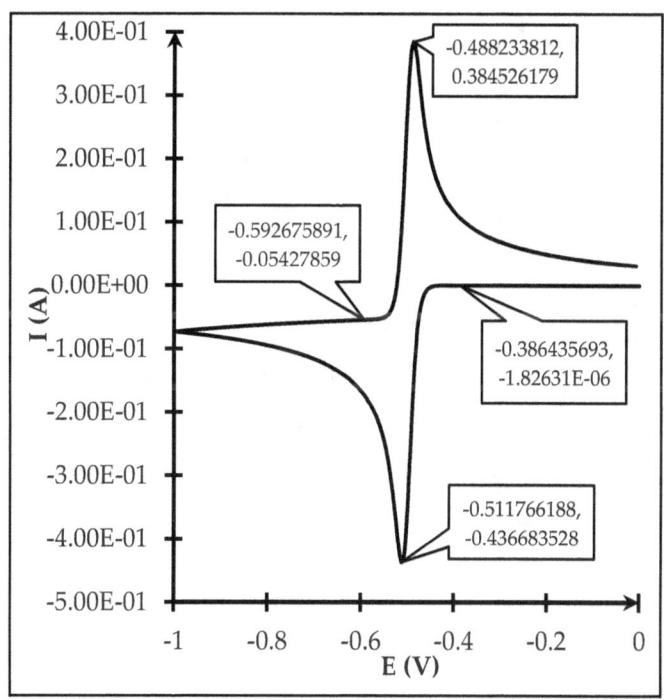

31. E_r at variations in $\alpha_{c,1}$

$M_1^{n+} + n_1e^- = M_1$			
$C_{o,1}$	1E3	T	303
C_1	0	A	1E-4
n_1	3	$D_{o,1}$	1E-9
$E_1°$	-0.5	$D_{r,1}$	1E-9
$k_{e,1}$	1E-2	N	1
$k_{e,2}$	NA	$\alpha_{c,1}$	0, 0.5, 1
k_f & k_b	NA	v	1E-2

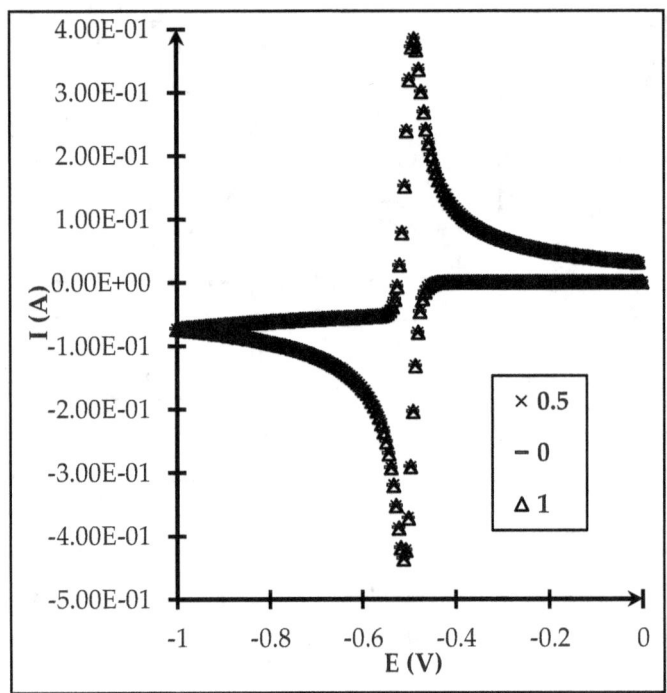

32. E_r at $v = 1E-2$

$M_1^{n+} + n_1e^- = M_1$			
$C_{o,1}$	1E3	T	303
C_1	0	A	1E-4
n_1	1	$D_{o,1}$	1E-9
$E_1°$	-0.5	$D_{r,1}$	1E-9
$k_{e,1}$	1E-2	N	1
$k_{e,2}$	NA	$\alpha_{c,1}$	0.5
k_f & k_b	NA	v	1E-2

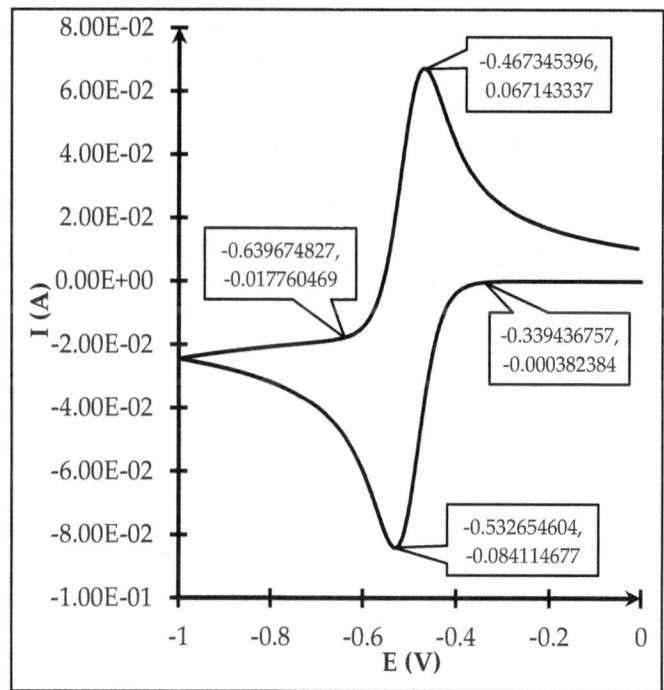

Simulated Cyclic Voltammograms: Basics of Electrochemical Kinetics

33. E_r at $v = 2E-2$

$M_1^{n+} + n_1e^- = M_1$			
$C_{o,1}$	1E3	T	303
C_1	0	A	1E-4
n_1	1	$D_{o,1}$	1E-9
$E_1°$	-0.5	$D_{r,1}$	1E-9
$k_{e,1}$	1E-2	N	1
$k_{e,2}$	NA	$\alpha_{c,1}$	0.5
k_f & k_b	NA	v	2E-2

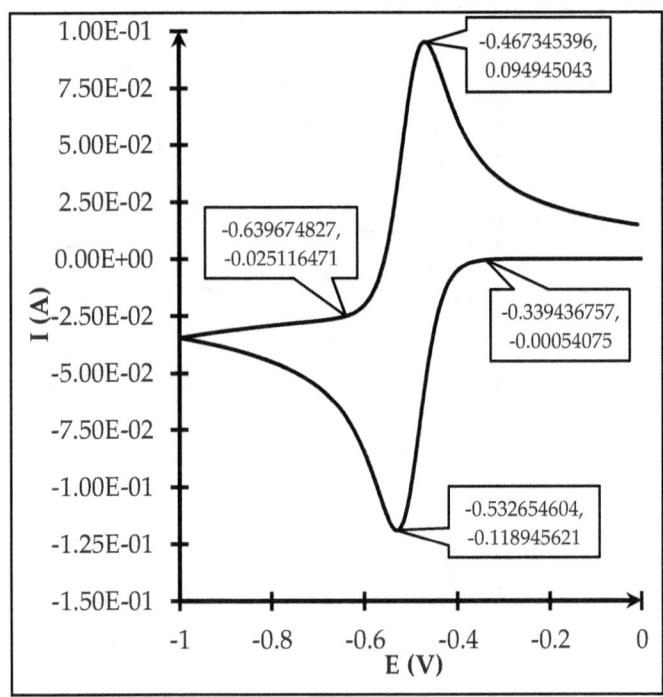

34. E_r at $v = 4E-2$

$M_1^{n+} + n_1 e^- = M_1$			
$C_{o,1}$	1E3	T	303
C_1	0	A	1E-4
n_1	1	$D_{o,1}$	1E-9
$E_1°$	-0.5	$D_{r,1}$	1E-9
$k_{e,1}$	1E-2	N	1
$k_{e,2}$	NA	$\alpha_{c,1}$	0.5
$k_f \& k_b$	NA	v	4E-2

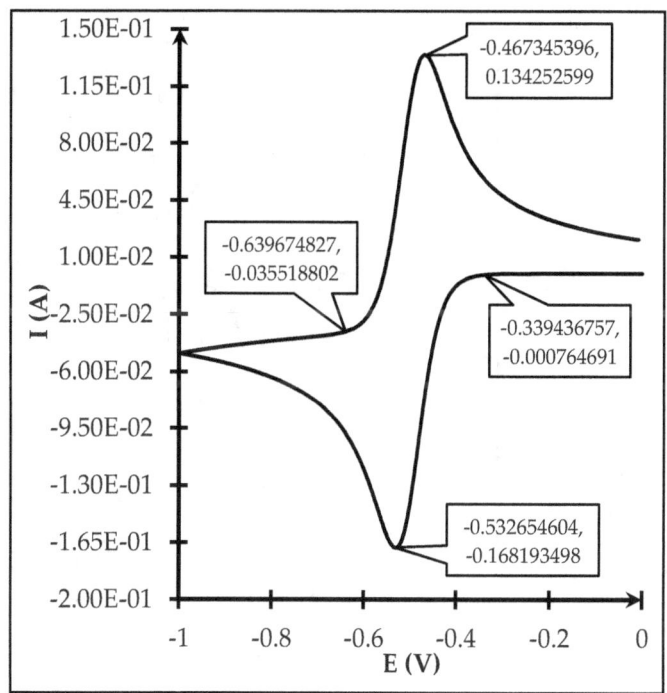

35. E_r at ν = 6E-2

$M_1^{n+} + n_1e^- = M_1$			
$C_{o,1}$	1E3	T	303
C_1	0	A	1E-4
n_1	1	$D_{o,1}$	1E-9
$E_1°$	-0.5	$D_{r,1}$	1E-9
$k_{e,1}$	1E-2	N	1
$k_{e,2}$	NA	$\alpha_{c,1}$	0.5
k_f & k_b	NA	ν	6E-2

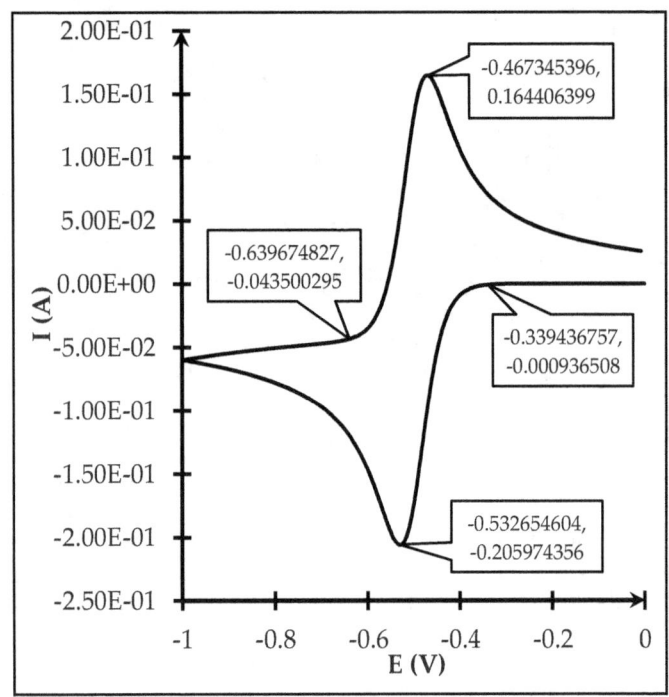

36. E_r at ν = 8E-2

$M_1^{n+} + n_1e^- = M_1$			
$C_{o,1}$	1E3	T	303
C_1	0	A	1E-4
n_1	1	$D_{o,1}$	1E-9
$E_1°$	-0.5	$D_{r,1}$	1E-9
$k_{e,1}$	1E-2	N	1
$k_{e,2}$	NA	$\alpha_{c,1}$	0.5
k_f & k_b	NA	ν	8E-2

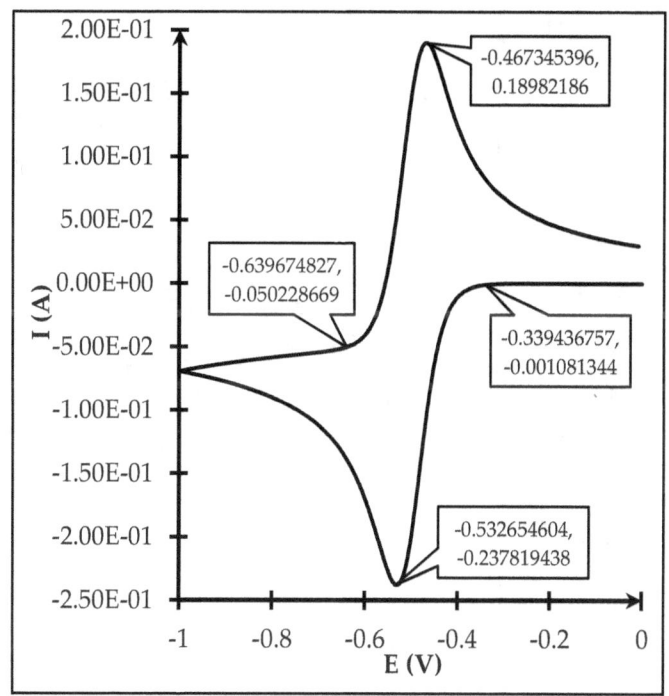

37. E_r at $v = 10E-2$

$M_1^{n+} + n_1e^- = M_1$			
$C_{o,1}$	1E3	T	303
C_1	0	A	1E-4
n_1	1	$D_{o,1}$	1E-9
$E_1°$	-0.5	$D_{r,1}$	1E-9
$k_{e,1}$	1E-2	N	1
$k_{e,2}$	NA	$\alpha_{c,1}$	0.5
k_f & k_b	NA	v	10E-2

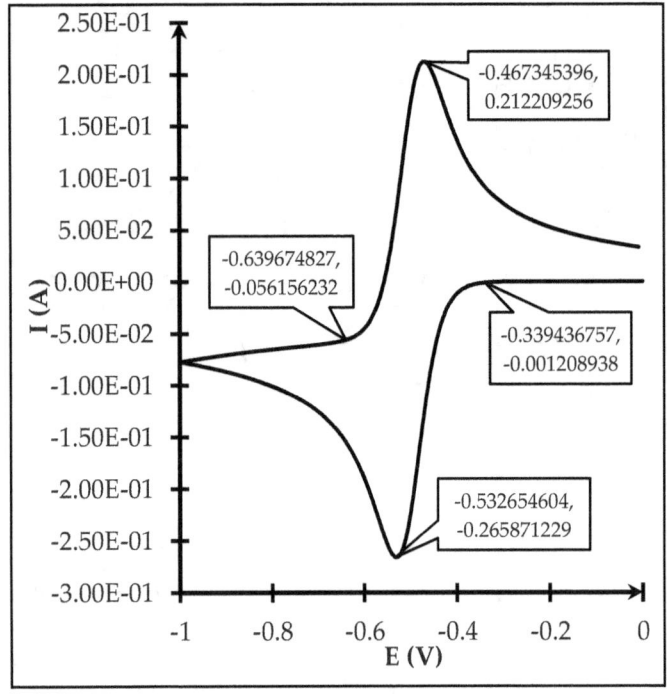

38. E_r at variations in v

$M_1^{n+} + n_1e^- = M_1$			
$C_{o,1}$	1E3	T	303
C_1	0	A	1E-4
n_1	1	$D_{o,1}$	1E-9
$E_1°$	-0.5	$D_{r,1}$	1E-9
$k_{e,1}$	1E-2	N	1
$k_{e,2}$	NA	$\alpha_{c,1}$	0.5
k_f & k_b	NA	v, E-2	1, 2, 4, 6, 8, 10

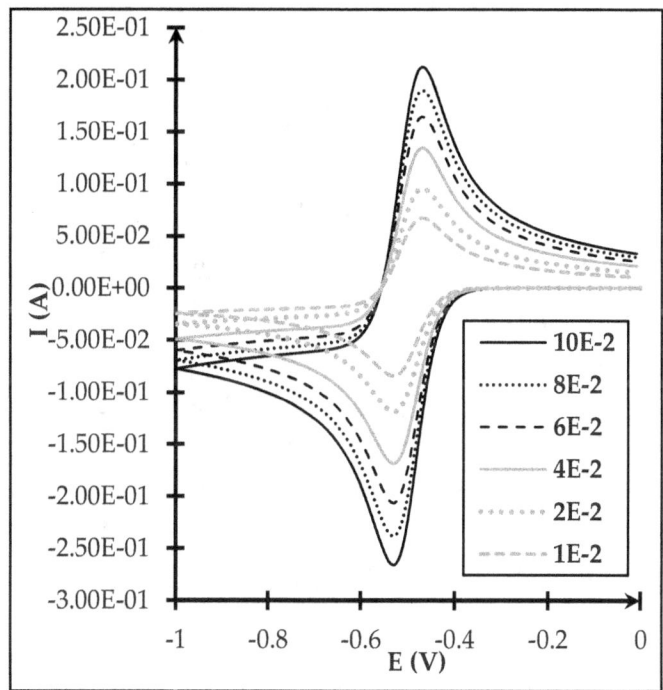

39. I_p vs. $\nu^{0.5}$ at E_r

$M_1^{n+} + n_1e^- = M_1$			
ν	$\nu^{0.5}$	$I_{p,a}$	$I_{p,c}$
1E-2	0.1000000	0.067143	-0.084115
2E-2	0.1414214	0.094945	-0.118946
4E-2	0.2000000	0.134253	-0.168193
6E-2	0.2449490	0.164406	-0.205974
8E-2	0.2828427	0.189822	-0.237819
10E-2	0.3162278	0.212209	-0.265871

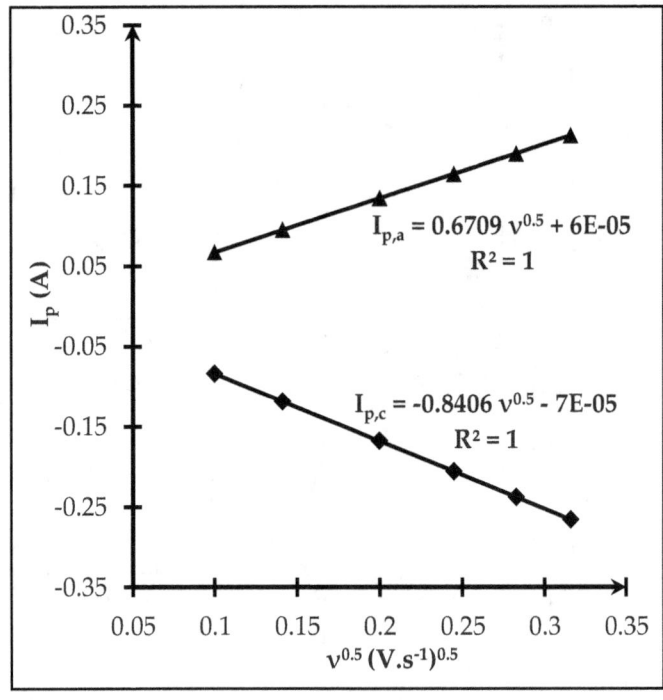

40. E_2 at $E_2° = -0.3$

$M_1^{n+} + n_1e^- = M_1$ & $M_2^{n+} + n_2e^- = M_2$			
$C_{o,1}$ & $C_{o,2}$	1E3 & 1E3	T	303
C_1 & C_2	0 & 0	A	1E-4
n_1 & n_2	2 & 2	$D_{o,1}$ & $D_{o,2}$	1E-9 & 1E-9
$E_1°$ & $E_2°$	-0.5 & -0.3	$D_{r,1}$ & $D_{r,2}$	1E-9 & 1E-9
$k_{e,1}$ & $k_{e,2}$	1E-2 & 1E-2	N	1
k_f & k_b	NA	$\alpha_{c,1}$ & $\alpha_{c,2}$	0.5 & 0.5
C_p & D_p	NA	ν	1E-2

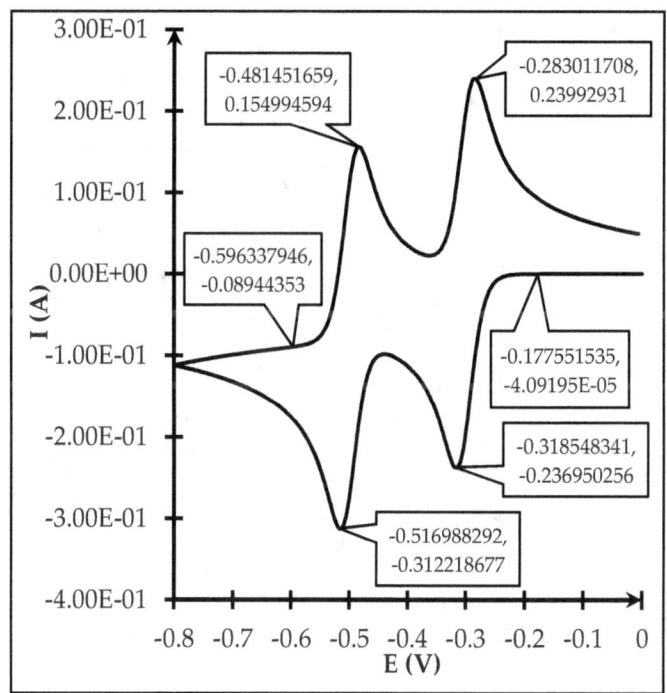

Simulated Cyclic Voltammograms: Basics of Electrochemical Kinetics

41. E_2 at $E_2^\circ = -0.4$

$M_1^{n+} + n_1e^- = M_1$ & $M_2^{n+} + n_2e^- = M_2$			
$C_{o,1}$ & $C_{o,2}$	1E3 & 1E3	T	303
C_1 & C_2	0 & 0	A	1E-4
n_1 & n_2	2 & 2	$D_{o,1}$ & $D_{o,2}$	1E-9 & 1E-9
E_1° & E_2°	-0.5 & -0.4	$D_{r,1}$ & $D_{r,2}$	1E-9 & 1E-9
$k_{e,1}$ & $k_{e,2}$	1E-2 & 1E-2	N	1
k_f & k_b	NA	$\alpha_{c,1}$ & $\alpha_{c,2}$	0.5 & 0.5
C_p & D_p	NA	ν	1E-2

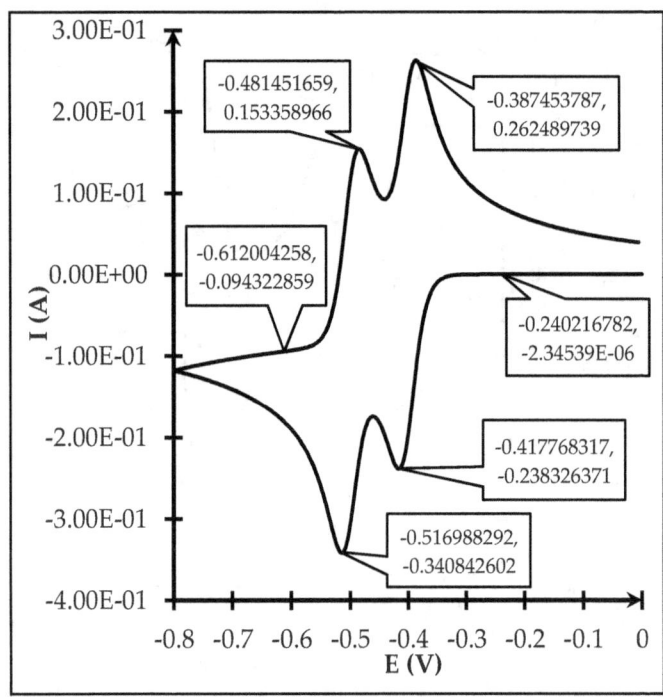

40

42. E_2 at $E_2° = -0.6$

$M_1^{n+} + n_1e^- = M_1$ & $M_2^{n+} + n_2e^- = M_2$			
$C_{o,1}$ & $C_{o,2}$	1E3 & 1E3	T	303
C_1 & C_2	0 & 0	A	1E-4
n_1 & n_2	2 & 2	$D_{o,1}$ & $D_{o,2}$	1E-9 & 1E-9
$E_1°$ & $E_2°$	-0.5 & -0.6	$D_{r,1}$ & $D_{r,2}$	1E-9 & 1E-9
$k_{e,1}$ & $k_{e,2}$	1E-2 & 1E-2	N	1
k_f & k_b	NA	$\alpha_{c,1}$ & $\alpha_{c,2}$	0.5 & 0.5
C_p & D_p	NA	ν	1E-2

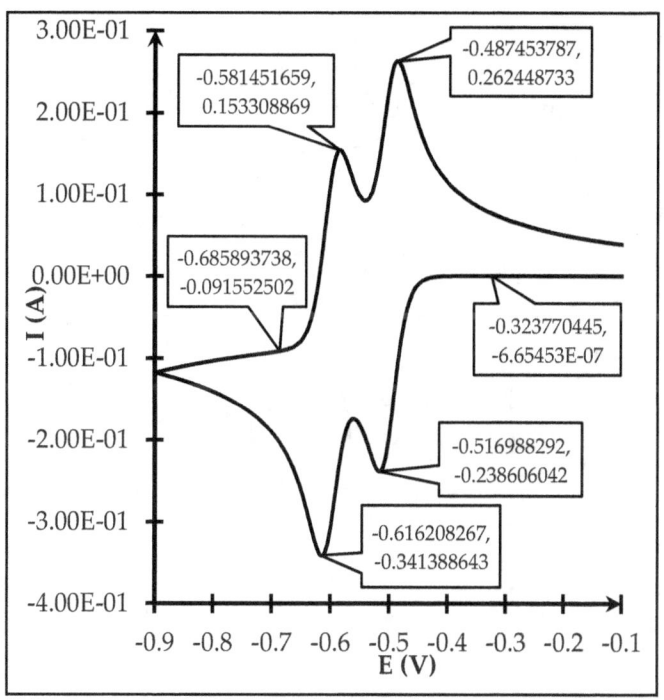

Simulated Cyclic Voltammograms: Basics of Electrochemical Kinetics

43. E_2 at $E_2° = -0.7$

$M_1^{n+} + n_1e^- = M_1$ & $M_2^{n+} + n_2e^- = M_2$			
$C_{o,1}$ & $C_{o,2}$	1E3 & 1E3	T	303
C_1 & C_2	0 & 0	A	1E-4
n_1 & n_2	2 & 2	$D_{o,1}$ & $D_{o,2}$	1E-9 & 1E-9
$E_1°$ & $E_2°$	-0.5 & -0.7	$D_{r,1}$ & $D_{r,2}$	1E-9 & 1E-9
$k_{e,1}$ & $k_{e,2}$	1E-2 & 1E-2	N	1
k_f & k_b	NA	$\alpha_{c,1}$ & $\alpha_{c,2}$	0.5 & 0.5
C_p & D_p	NA	ν	1E-2

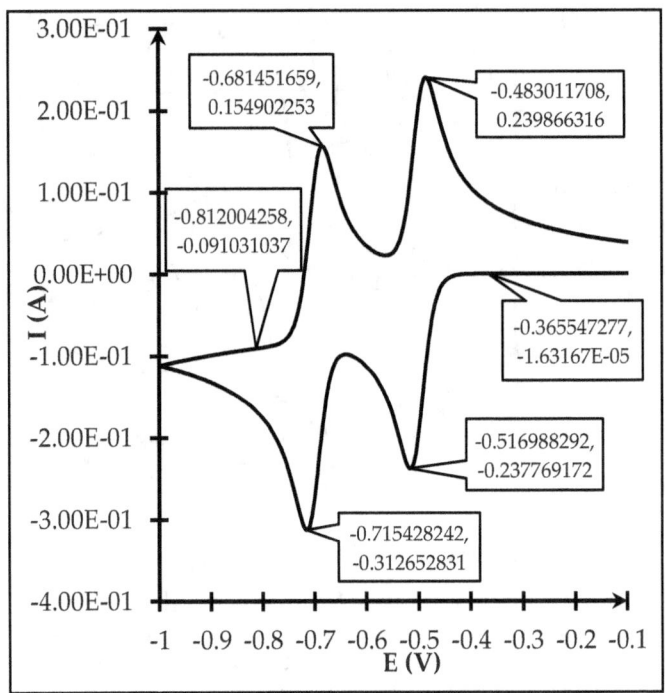

44. E_2 at variations in $E_2°$

$M_1^{n+} + n_1e^- = M_1$ & $M_2^{n+} + n_2e^- = M_2$			
$C_{o,1}$ & $C_{o,2}$	1E3 & 1E3	T	303
C_1 & C_2	0 & 0	A	1E-4
n_1 & n_2	2 & 2	$D_{o,1}$ & $D_{o,2}$	1E-9 & 1E-9
$E_1°$	-0.5	$D_{r,1}$ & $D_{r,2}$	1E-9 & 1E-9
$k_{e,1}$ & $k_{e,2}$	1E-2 & 1E-2	N	1
k_f & k_b	NA	$\alpha_{c,1}$ & $\alpha_{c,2}$	0.5 & 0.5
$E_2°$	-0.3, -0.4, -0.6, -0.7	ν	1E-2

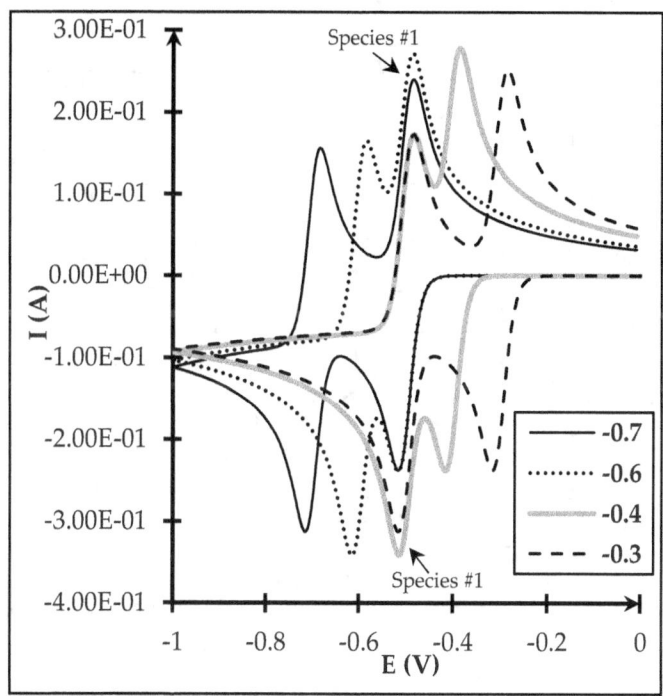

Simulated Cyclic Voltammograms: Basics of Electrochemical Kinetics

45. E_2 at $C_{o,2} = 0.5E3$

$M_1^{n+} + n_1e^- = M_1$ & $M_2^{n+} + n_2e^- = M_2$			
$C_{o,1}$ & $C_{o,2}$	1E3 & 0.5E3	T	303
C_1 & C_2	0 & 0	A	1E-4
n_1 & n_2	2 & 2	$D_{o,1}$ & $D_{o,2}$	1E-9 & 1E-9
$E_1°$ & $E_2°$	-0.5 & -0.4	$D_{r,1}$ & $D_{r,2}$	1E-9 & 1E-9
$k_{e,1}$ & $k_{e,2}$	1E-2 & 1E-2	N	1
k_f & k_b	NA	$\alpha_{c,1}$ & $\alpha_{c,2}$	0.5 & 0.5
C_p & D_p	NA	ν	1E-2

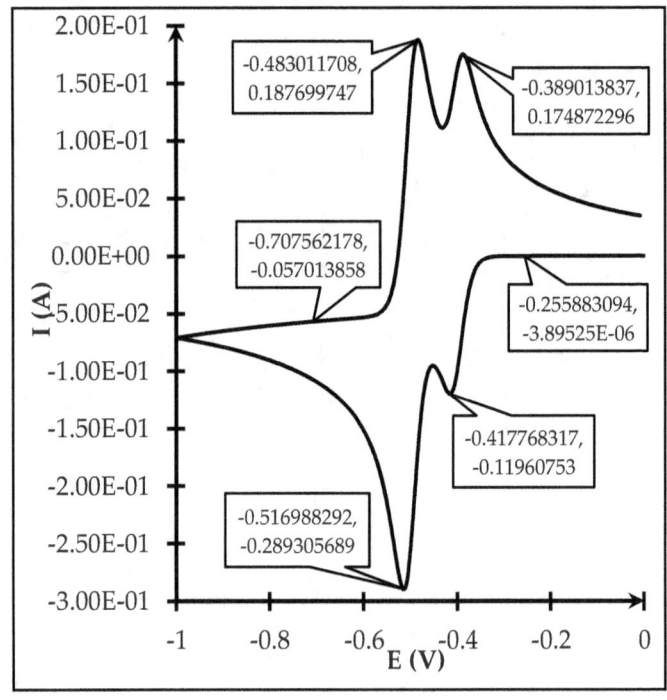

44

46. E₂ at $C_{o,2}$ = 1E3

$M_1^{n+} + n_1e^- = M_1$ & $M_2^{n+} + n_2e^- = M_2$			
$C_{o,1}$ & $C_{o,2}$	1E3 & 1E3	T	303
C_1 & C_2	0 & 0	A	1E-4
n_1 & n_2	2 & 2	$D_{o,1}$ & $D_{o,2}$	1E-9 & 1E-9
$E_1°$ & $E_2°$	-0.5 & -0.4	$D_{r,1}$ & $D_{r,2}$	1E-9 & 1E-9
$k_{e,1}$ & $k_{e,2}$	1E-2 & 1E-2	N	1
k_f & k_b	NA	$\alpha_{c,1}$ & $\alpha_{c,2}$	0.5 & 0.5
C_p & D_p	NA	ν	1E-2

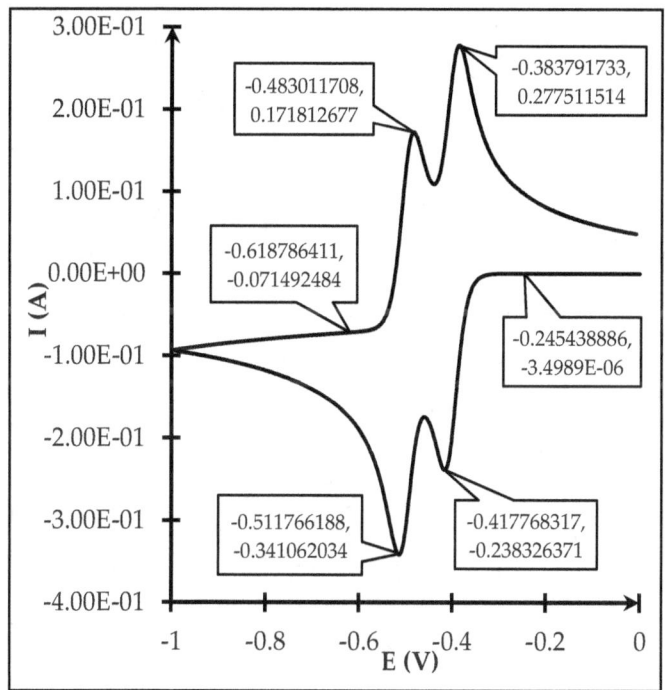

47. E_2 at $C_{o,2} = 1.5E3$

$M_1^{n+} + n_1e^- = M_1$ & $M_2^{n+} + n_2e^- = M_2$			
$C_{o,1}$ & $C_{o,2}$	1E3 & 1.5E3	T	303
C_1 & C_2	0 & 0	A	1E-4
n_1 & n_2	2 & 2	$D_{o,1}$ & $D_{o,2}$	1E-9 & 1E-9
$E_1°$ & $E_2°$	-0.5 & -0.4	$D_{r,1}$ & $D_{r,2}$	1E-9 & 1E-9
$k_{e,1}$ & $k_{e,2}$	1E-2 & 1E-2	N	1
k_f & k_b	NA	$\alpha_{c,1}$ & $\alpha_{c,2}$	0.5 & 0.5
C_p & D_p	NA	ν	1E-2

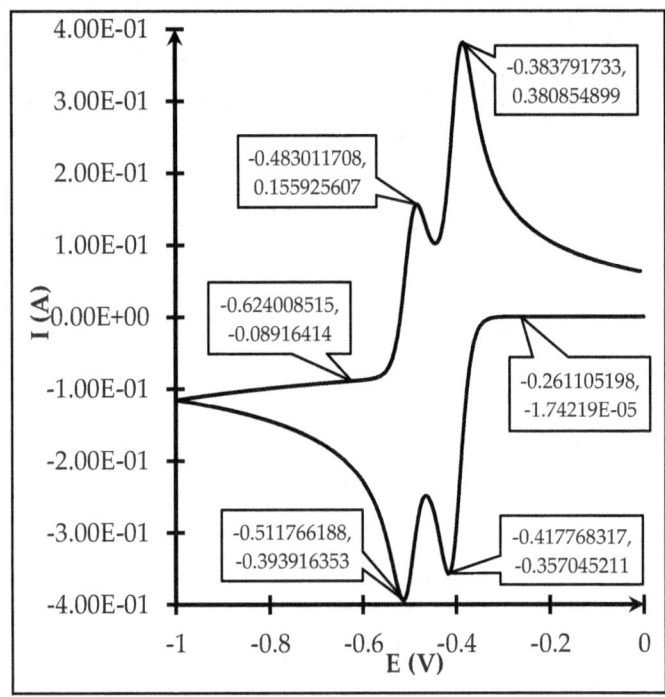

48. E_2 at variations in $C_{o,2}$

$M_1^{n+} + n_1e^- = M_1$ & $M_2^{n+} + n_2e^- = M_2$			
$C_{o,1}$	1E3	T	303
$C_{o,2}$	0.5E3, 1E3, 1.5E3	A	1E-4
C_1 & C_2	0 & 0	$D_{o,1}$ & $D_{o,2}$	1E-9 & 1E-9
n_1 & n_2	2 & 2	$D_{r,1}$ & $D_{r,2}$	1E-9 & 1E-9
$E_1°$ & $E_2°$	-0.5 & -0.4	N	1
$k_{e,1}$ & $k_{e,2}$	1E-2 & 1E-2	$\alpha_{c,1}$ & $\alpha_{c,2}$	0.5 & 0.5
C_p & D_p	NA	ν	1E-2

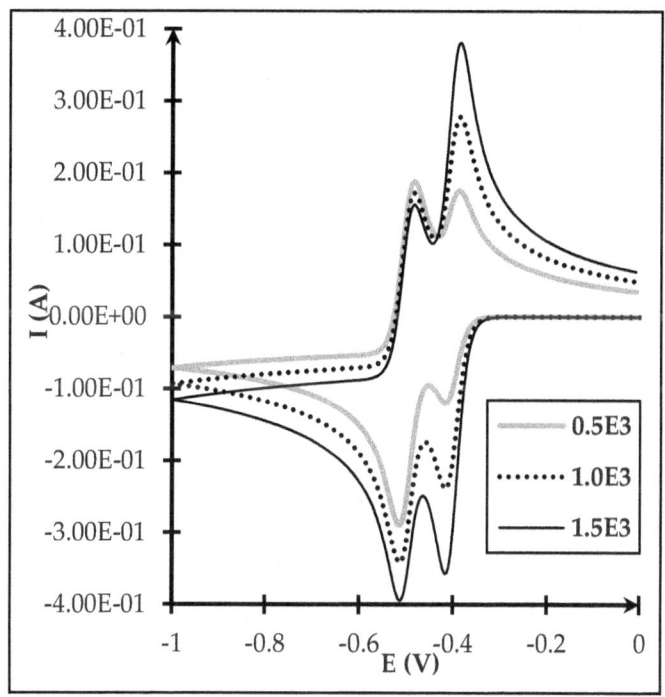

Simulated Cyclic Voltammograms: Basics of Electrochemical Kinetics

49. E_2 at $n_2 = 1$

$M_1^{n+} + n_1e^- = M_1$ & $M_2^{n+} + n_2e^- = M_2$			
$C_{o,1}$ & $C_{o,2}$	1E3 & 1E3	T	303
C_1 & C_2	0 & 0	A	1E-4
n_1 & n_2	2 & 1	$D_{o,1}$ & $D_{o,2}$	1E-9 & 1E-9
$E_1°$ & $E_2°$	-0.5 & -0.4	$D_{r,1}$ & $D_{r,2}$	1E-9 & 1E-9
$k_{e,1}$ & $k_{e,2}$	1E-2 & 1E-2	N	1
k_f & k_b	NA	$\alpha_{c,1}$ & $\alpha_{c,2}$	0.5 & 0.5
C_p & D_p	NA	ν	1E-2

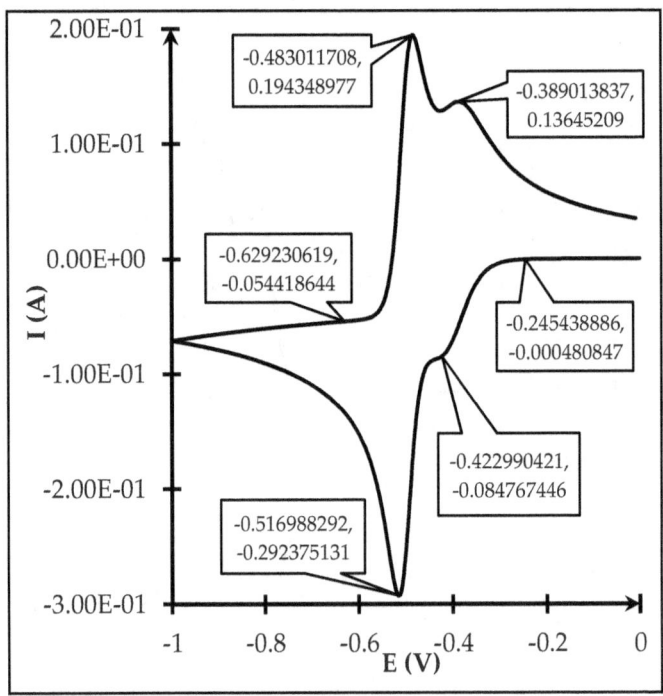

50. E_2 at $n_2 = 2$

$M_1^{n+} + n_1e^- = M_1$ & $M_2^{n+} + n_2e^- = M_2$			
$C_{o,1}$ & $C_{o,2}$	1E3 & 1E3	T	303
C_1 & C_2	0 & 0	A	1E-4
n_1 & n_2	2 & 2	$D_{o,1}$ & $D_{o,2}$	1E-9 & 1E-9
$E_1°$ & $E_2°$	-0.5 & -0.4	$D_{r,1}$ & $D_{r,2}$	1E-9 & 1E-9
$k_{e,1}$ & $k_{e,2}$	1E-2 & 1E-2	N	1
k_f & k_b	NA	$\alpha_{c,1}$ & $\alpha_{c,2}$	0.5 & 0.5
C_p & D_p	NA	ν	1E-2

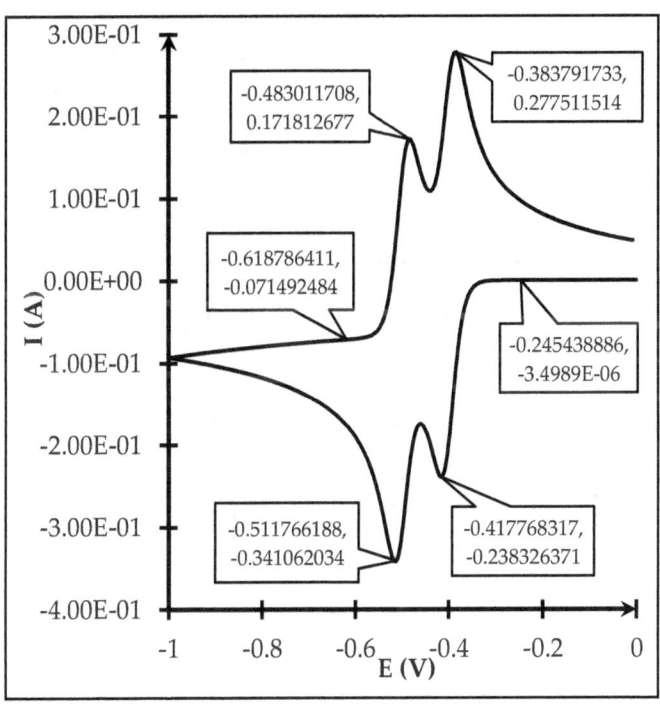

51. E_2 at $n_2 = 3$

$M_1^{n+} + n_1e^- = M_1$ & $M_2^{n+} + n_2e^- = M_2$			
$C_{o,1}$ & $C_{o,2}$	1E3 & 1E3	T	303
C_1 & C_2	0 & 0	A	1E-4
n_1 & n_2	2 & 3	$D_{o,1}$ & $D_{o,2}$	1E-9 & 1E-9
$E_1°$ & $E_2°$	-0.5 & -0.4	$D_{r,1}$ & $D_{r,2}$	1E-9 & 1E-9
$k_{e,1}$ & $k_{e,2}$	1E-2 & 1E-2	N	1
k_f & k_b	NA	$\alpha_{c,1}$ & $\alpha_{c,2}$	0.5 & 0.5
C_p & D_p	NA	ν	1E-2

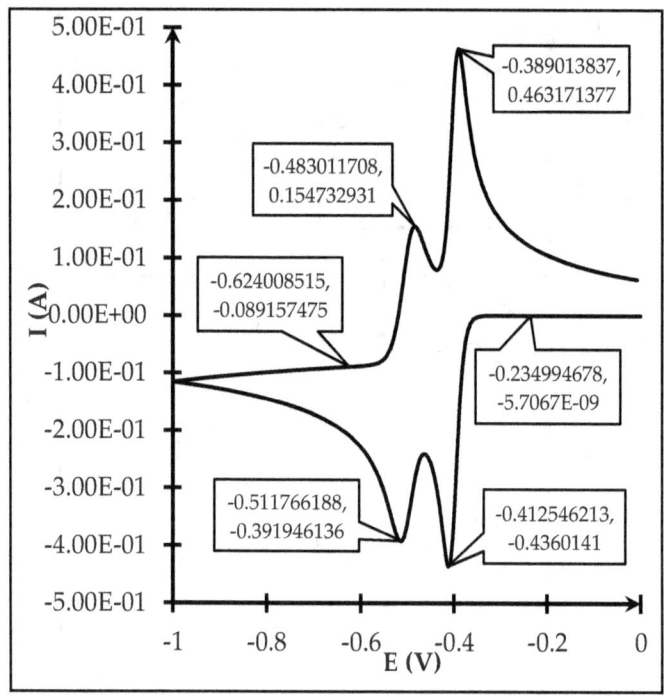

52. E_2 at variations in n_2

$M_1{}^{n+} + n_1e^- = M_1$ & $M_2{}^{n+} + n_2e^- = M_2$			
$C_{o,1}$ & $C_{o,2}$	1E3 & 1E3	T	303
C_1 & C_2	0 & 0	A	1E-4
n_1	2	$D_{o,1}$ & $D_{o,2}$	1E-9 & 1E-9
n_2	1, 2, 3	$D_{r,1}$ & $D_{r,2}$	1E-9 & 1E-9
$E_1°$ & $E_2°$	-0.5 & -0.4	N	1
$k_{e,1}$ & $k_{e,2}$	1E-2 & 1E-2	$\alpha_{c,1}$ & $\alpha_{c,2}$	0.5 & 0.5
k_f & k_b	NA	ν	1E-2

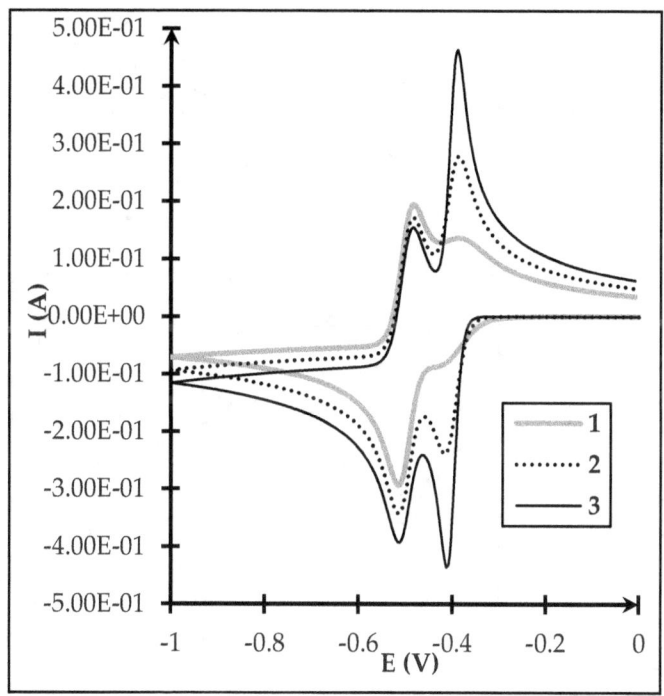

53. E_2 at $D_{o,2}$ = 0.5E-9

$M_1^{n+} + n_1e^- = M_1$ & $M_2^{n+} + n_2e^- = M_2$			
$C_{o,1}$ & $C_{o,2}$	1E3 & 1E3	T	303
C_1 & C_2	0 & 0	A	1E-4
n_1 & n_2	2 & 2	$D_{o,1}$ & $D_{o,2}$	1E-9 & 0.5E-9
$E_1°$ & $E_2°$	-0.5 & -0.4	$D_{r,1}$ & $D_{r,2}$	1E-9 & 1E-9
$k_{e,1}$ & $k_{e,2}$	1E-2 & 1E-2	N	1
k_f & k_b	NA	$\alpha_{c,1}$ & $\alpha_{c,2}$	0.5 & 0.5
C_p & D_p	NA	ν	1E-2

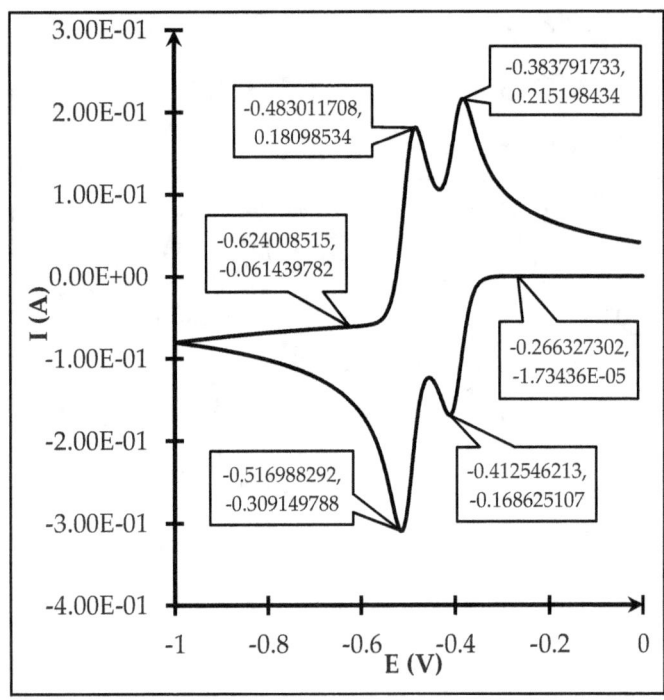

54. E_2 at $D_{o,2} = 1E-9$

$M_1^{n+} + n_1e^- = M_1$ & $M_2^{n+} + n_2e^- = M_2$			
$C_{o,1}$ & $C_{o,2}$	1E3 & 1E3	T	303
C_1 & C_2	0 & 0	A	1E-4
n_1 & n_2	2 & 2	$D_{o,1}$ & $D_{o,2}$	1E-9 & 1E-9
$E_1°$ & $E_2°$	-0.5 & -0.4	$D_{r,1}$ & $D_{r,2}$	1E-9 & 1E-9
$k_{e,1}$ & $k_{e,2}$	1E-2 & 1E-2	N	1
k_f & k_b	NA	$\alpha_{c,1}$ & $\alpha_{c,2}$	0.5 & 0.5
C_p & D_p	NA	ν	1E-2

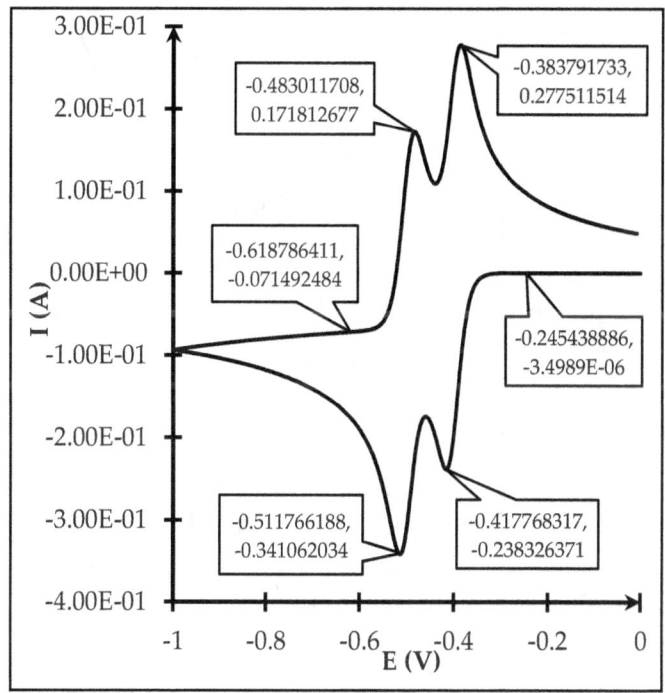

Simulated Cyclic Voltammograms: Basics of Electrochemical Kinetics

55. E_2 at $D_{o,2} = 2E-9$

$M_1^{n+} + n_1e^- = M_1$ & $M_2^{n+} + n_2e^- = M_2$			
$C_{o,1}$ & $C_{o,2}$	1E3 & 1E3	T	303
C_1 & C_2	0 & 0	A	1E-4
n_1 & n_2	2 & 2	$D_{o,1}$ & $D_{o,2}$	1E-9 & 2E-9
$E_1°$ & $E_2°$	-0.5 & -0.4	$D_{r,1}$ & $D_{r,2}$	1E-9 & 1E-9
$k_{e,1}$ & $k_{e,2}$	1E-2 & 1E-2	N	1
k_f & k_b	NA	$\alpha_{c,1}$ & $\alpha_{c,2}$	0.5 & 0.5
C_p & D_p	NA	ν	1E-2

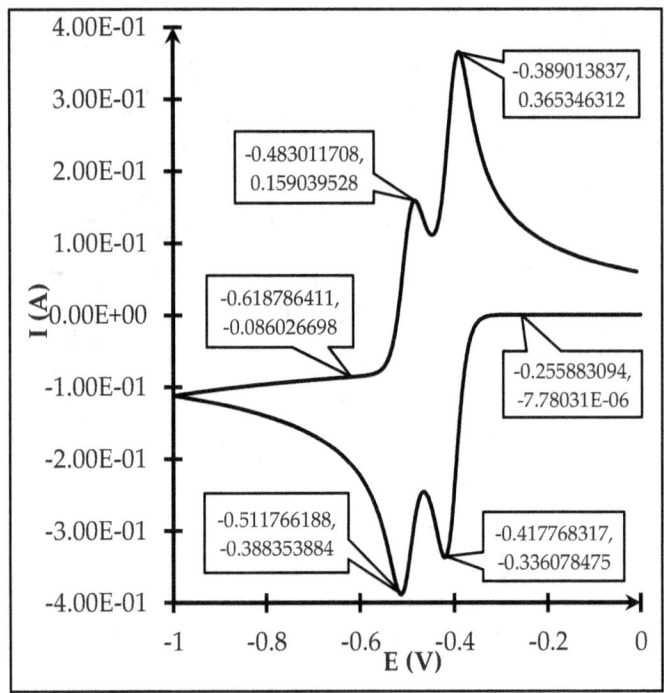

56. E_2 at variations in $D_{o,2}$

$M_1^{n+} + n_1e^- = M_1$ & $M_2^{n+} + n_2e^- = M_2$			
$C_{o,1}$ & $C_{o,2}$	1E3 & 1E3	T & A	303 & 1E-4
C_1 & C_2	0 & 0	$D_{o,1}$	1E-9
n_1 & n_2	2 & 2	$D_{o,2}$	0.5E-9, 1E-9, 2E-9
$E_1°$ & $E_2°$	-0.5 & -0.4	$D_{r,1}$ & $D_{r,2}$	1E-9 & 1E-9
$k_{e,1}$ & $k_{e,2}$	1E-2 & 1E-2	N	1
k_f & k_b	NA	$\alpha_{c,1}$ & $\alpha_{c,2}$	0.5 & 0.5
C_p & D_p	NA	ν	1E-2

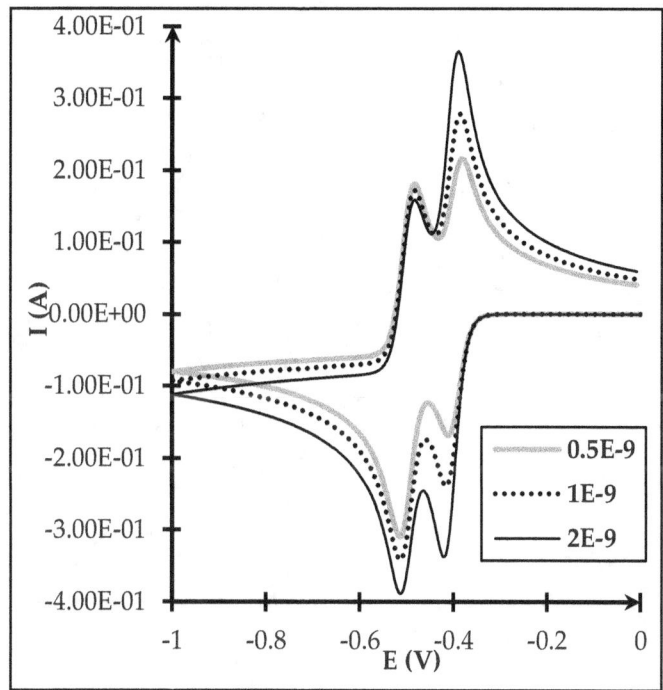

57. E_2 at variations in n_1 & n_2

$M_1^{n+} + n_1e^- = M_1$ & $M_2^{n+} + n_2e^- = M_2$			
$C_{o,1}$ & $C_{o,2}$	1E3 & 1E3	T	303
C_1 & C_2	0 & 0	A	1E-4
$n_1 = n_2$	1, 2, 3	$D_{o,1}$ & $D_{o,2}$	1E-9 & 1E-9
$E_1°$ & $E_2°$	-0.5 & -0.4	$D_{r,1}$ & $D_{r,2}$	1E-9 & 1E-9
$k_{e,1}$ & $k_{e,2}$	1E-2 & 1E-2	N	1
k_f & k_b	NA	$\alpha_{c,1}$ & $\alpha_{c,2}$	0.5 & 0.5
C_p & D_p	NA	ν	1E-2

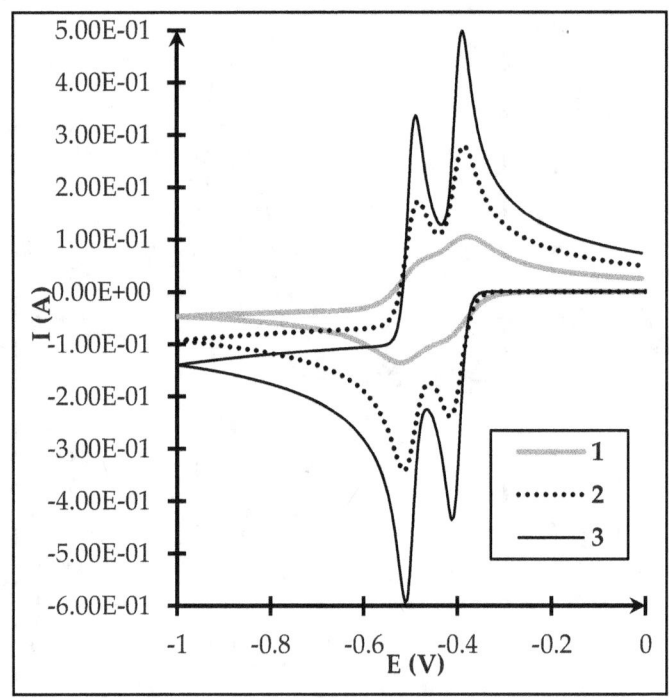

58. E_2 at $D_{r,2} = 0.5E-9$

$M_1^{n+} + n_1e^- = M_1$ & $M_2^{n+} + n_2e^- = M_2$			
$C_{o,1}$ & $C_{o,2}$	1E3 & 1E3	T	303
C_1 & C_2	0 & 0	A	1E-4
n_1 & n_2	3 & 3	$D_{o,1}$ & $D_{o,2}$	1E-9 & 1E-9
$E_1°$ & $E_2°$	-0.5 & -0.4	$D_{r,1}$ & $D_{r,2}$	1E-9 & 0.5E-9
$k_{e,1}$ & $k_{e,2}$	1E-2 & 1E-2	N	1
k_f & k_b	NA	$\alpha_{c,1}$ & $\alpha_{c,2}$	0.5 & 0.5
C_p & D_p	NA	ν	1E-2

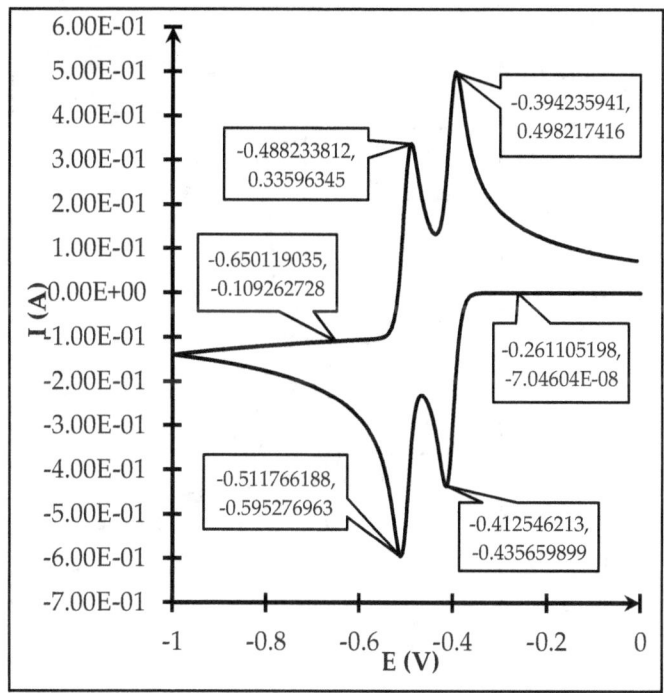

59. E_2 at $D_{r,2} = 1E-9$

$M_1^{n+} + n_1 e^- = M_1$ & $M_2^{n+} + n_2 e^- = M_2$			
$C_{o,1}$ & $C_{o,2}$	1E3 & 1E3	T	303
C_1 & C_2	0 & 0	A	1E-4
n_1 & n_2	3 & 3	$D_{o,1}$ & $D_{o,2}$	1E-9 & 1E-9
$E_1°$ & $E_2°$	-0.5 & -0.4	$D_{r,1}$ & $D_{r,2}$	1E-9 & 1E-9
$k_{e,1}$ & $k_{e,2}$	1E-2 & 1E-2	N	1
k_f & k_b	NA	$\alpha_{c,1}$ & $\alpha_{c,2}$	0.5 & 0.5
C_P & D_P	NA	v	1E-2

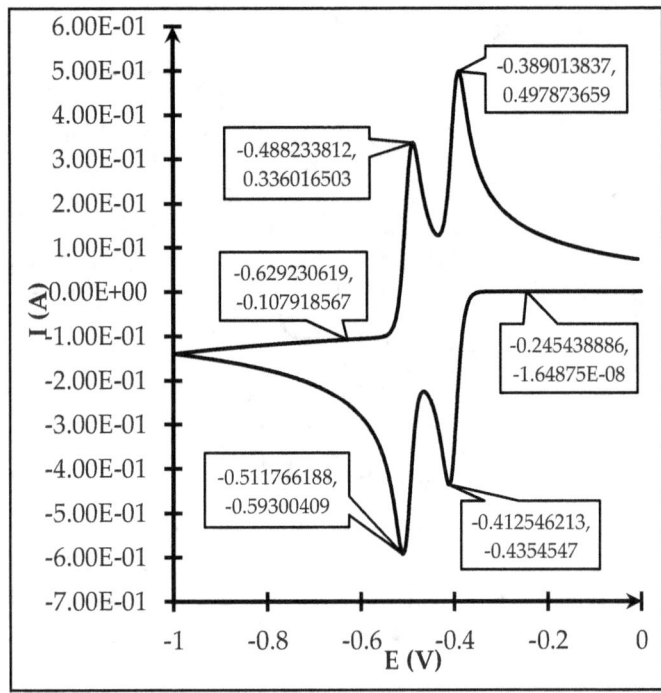

60. E_2 at $D_{r,2} = 2E-9$

$M_1^{n+} + n_1e^- = M_1$ & $M_2^{n+} + n_2e^- = M_2$			
$C_{o,1}$ & $C_{o,2}$	1E3 & 1E3	T	303
C_1 & C_2	0 & 0	A	1E-4
n_1 & n_2	3 & 3	$D_{o,1}$ & $D_{o,2}$	1E-9 & 1E-9
$E_1°$ & $E_2°$	-0.5 & -0.4	$D_{r,1}$ & $D_{r,2}$	1E-9 & 2E-9
$k_{e,1}$ & $k_{e,2}$	1E-2 & 1E-2	N	1
k_f & k_b	NA	$\alpha_{c,1}$ & $\alpha_{c,2}$	0.5 & 0.5
C_p & D_p	NA	ν	1E-2

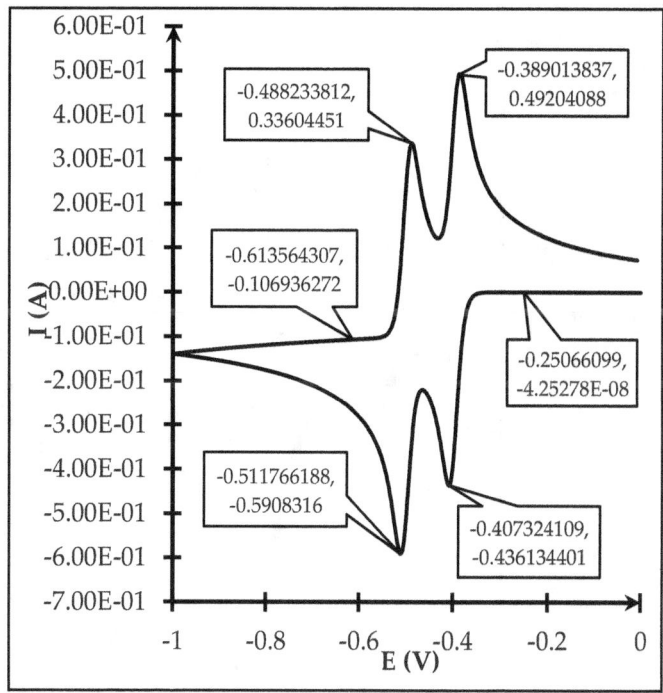

61. E_2 at variations in $D_{r,2}$

$M_1^{n+} + n_1e^- = M_1$ & $M_2^{n+} + n_2e^- = M_2$			
$C_{o,1}$ & $C_{o,2}$	1E3 & 1E3	T & A	303 & 1E-4
C_1 & C_2	0 & 0	$D_{o,1}$ & $D_{o,2}$	1E-9 & 1E-9
n_1 & n_2	3 & 3	$D_{r,1}$	1E-9
$E_1°$ & $E_2°$	-0.5 & -0.4	$D_{r,2}$	0.5E-9, 1E-9, 2E-9
$k_{e,1}$ & $k_{e,2}$	1E-2 & 1E-2	N	1
k_f & k_b	NA	$\alpha_{c,1}$ & $\alpha_{c,2}$	0.5 & 0.5
C_p & D_p	NA	ν	1E-2

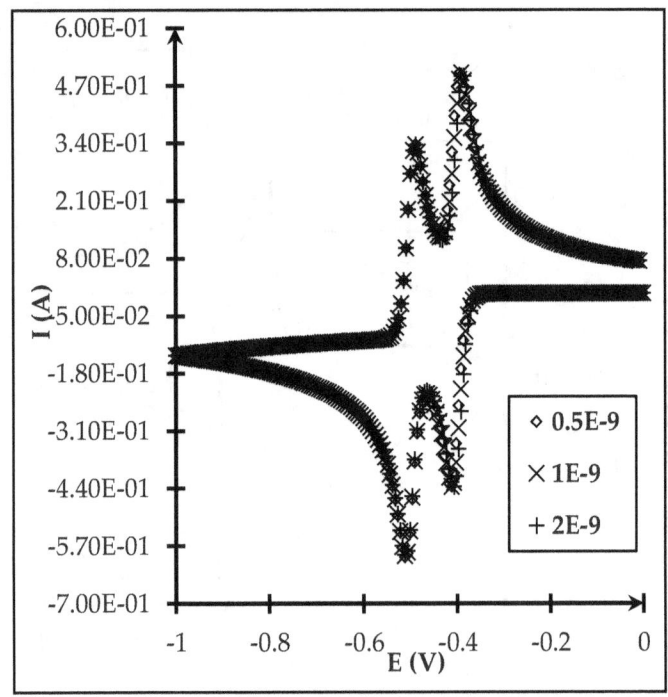

62. E_1 at variations in $k_{e,1}$

$M_1^{n+} + n_1 e^- = M_1$			
$C_{o,1}$	1E3	T	298
C_1	0	A	1E-4
n_1	1	$D_{o,1}$	1E-9
E_1°	-0.5	$D_{r,1}$	1E-9
$k_{e,1}$	1E-1, 1E-11	N	1
$k_{e,2}$	NA	$\alpha_{c,1}$	0.5
k_f & k_b	NA	ν	1E-2

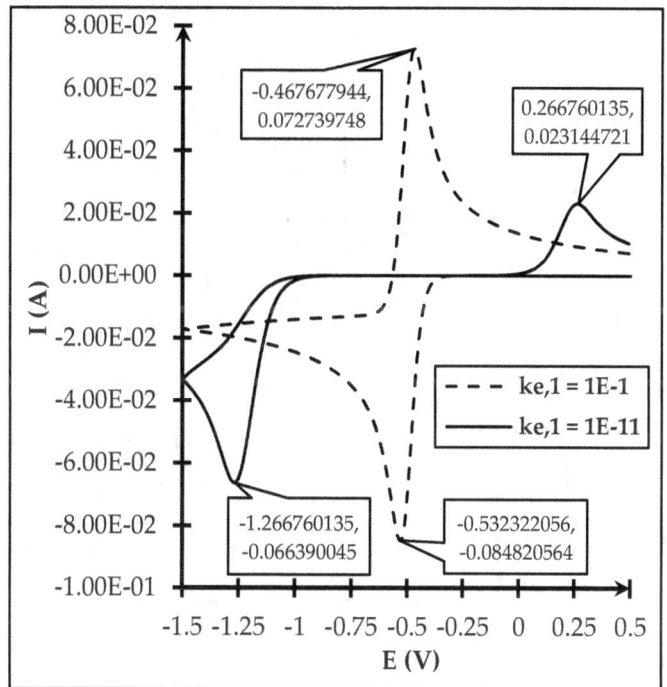

63. E_2 at $k_{e,2} = 1E2$

$M_1^{n+} + n_1 e^- = M_1$ & $M_2^{n+} + n_2 e^- = M_2$			
$C_{o,1}$ & $C_{o,2}$	1E3 & 1E3	T	303
C_1 & C_2	0 & 0	A	1E-4
n_1 & n_2	1 & 1	$D_{o,1}$ & $D_{o,2}$	1E-9 & 1E-9
$E_1°$ & $E_2°$	-0.5 & -0.3	$D_{r,1}$ & $D_{r,2}$	1E-9 & 1E-9
$k_{e,1}$ & $k_{e,2}$	1E-2 & 1E2	N	1
k_f & k_b	NA	$\alpha_{c,1}$ & $\alpha_{c,2}$	0.5 & 0.5
C_p & D_p	NA	ν	1E-2

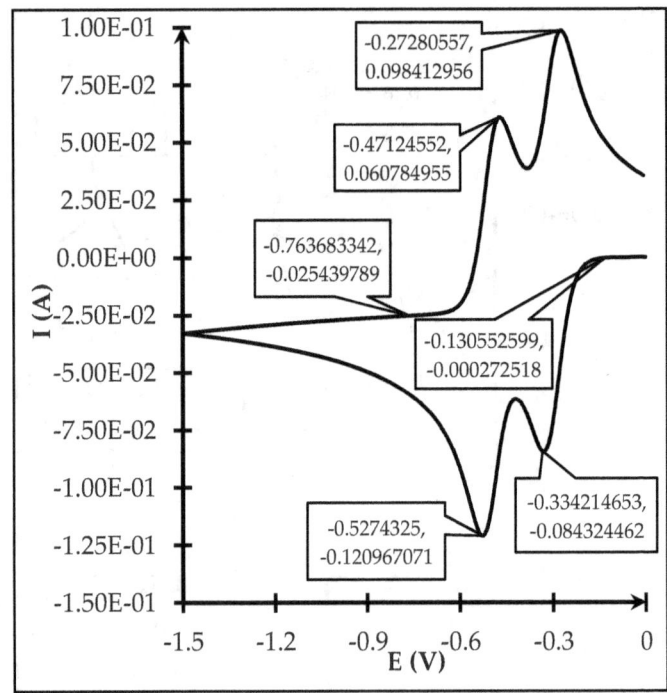

62

64. E_2 at $k_{e,2} = 1E-11$

$M_1^{n+} + n_1e^- = M_1$ & $M_2^{n+} + n_2e^- = M_2$			
$C_{o,1}$ & $C_{o,2}$	1E3 & 1E3	T	303
C_1 & C_2	0 & 0	A	1E-4
n_1 & n_2	1 & 1	$D_{o,1}$ & $D_{o,2}$	1E-9 & 1E-9
$E_1°$ & $E_2°$	-0.5 & -0.3	$D_{r,1}$ & $D_{r,2}$	1E-9 & 1E-9
$k_{e,1}$ & $k_{e,2}$	1E-2 & 1E-11	N	1
k_f & k_b	NA	$\alpha_{c,1}$ & $\alpha_{c,2}$	0.5 & 0.5
C_p & D_p	NA	ν	1E-2

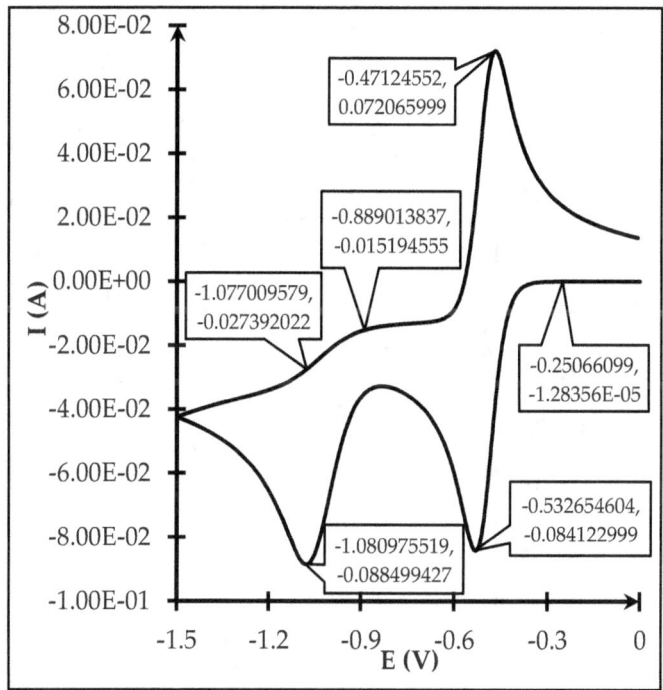

65. E_2 at variations in $k_{e,2}$

$M_1^{n+} + n_1e^- = M_1$ & $M_2^{n+} + n_2e^- = M_2$			
$C_{o,1}$ & $C_{o,2}$	1E3 & 1E3	T	303
C_1 & C_2	0 & 0	A	1E-4
n_1 & n_2	1 & 1	$D_{o,1}$ & $D_{o,2}$	1E-9 & 1E-9
$E_1°$ & $E_2°$	-0.5 & -0.4	$D_{r,1}$ & $D_{r,2}$	1E-9 & 1E-9
$k_{e,1}$	1E-2	N	1
$k_{e,2}$	1E2 & 1E-11	$\alpha_{c,1}$ & $\alpha_{c,2}$	0.5 & 0.5
C_p & D_p	NA	ν	1E-2

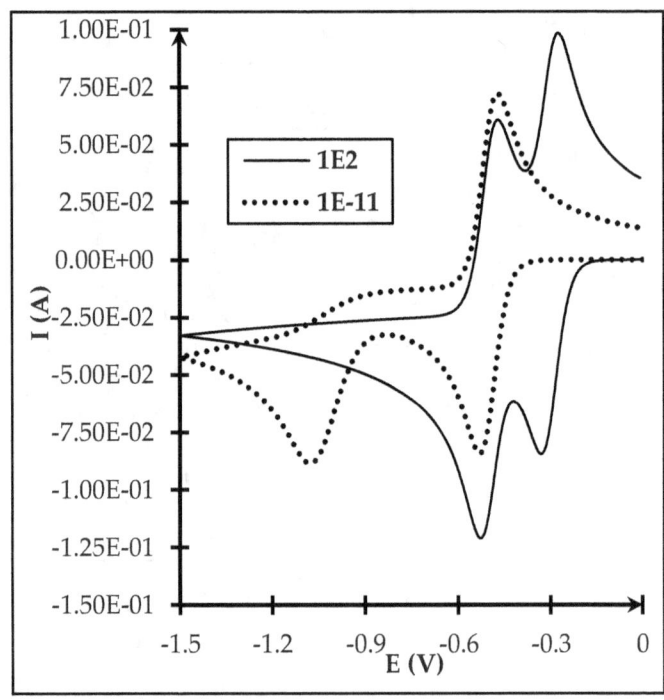

66. E_2 at $k_{e,1}$ & $k_{e,2}$ = 1E-11

$M_1^{n+} + n_1e^- = M_1$ & $M_2^{n+} + n_2e^- = M_2$			
$C_{o,1}$ & $C_{o,2}$	1E3 & 1E3	T	303
C_1 & C_2	0 & 0	A	1E-4
n_1 & n_2	1 & 1	$D_{o,1}$ & $D_{o,2}$	1E-9 & 1E-9
$E_1°$ & $E_2°$	-0.5 & -0.3	$D_{r,1}$ & $D_{r,2}$	1E-9 & 1E-9
$k_{e,1}$ & $k_{e,2}$	1E-11 & 1E-11	N	1
k_f & k_b	NA	$\alpha_{c,1}$ & $\alpha_{c,2}$	0.5 & 0.5
C_p & D_p	NA	v	1E-2

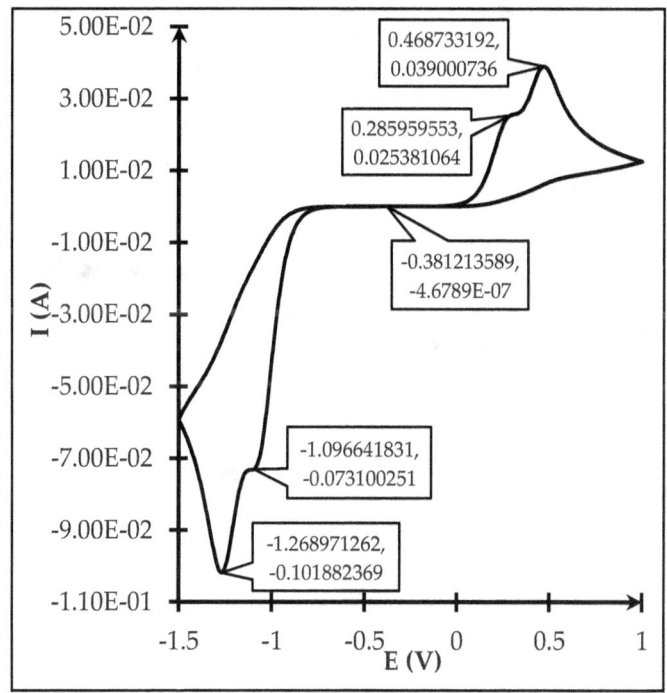

67. E_2 at variations in C_2

$M_1^{n+} + n_1e^- = M_1$ & $M_2^{n+} + n_2e^- = M_2$			
$C_{o,1}$ & $C_{o,2}$	1E3 & 1E3	T	303
C_1	0	A	1E-4
C_2	1E-1, 1E2	$D_{o,1}$ & $D_{o,2}$	1E-9 & 1E-9
n_1 & n_2	2 & 2	$D_{r,1}$ & $D_{r,2}$	1E-9 & 1E-9
$E_1°$ & $E_2°$	-0.5 & -0.4	N	1
$k_{e,1}$ & $k_{e,2}$	1E-2 & 1E-2	$\alpha_{c,1}$ & $\alpha_{c,2}$	0.5 & 0.5
C_p & D_p	NA	ν	1E-2

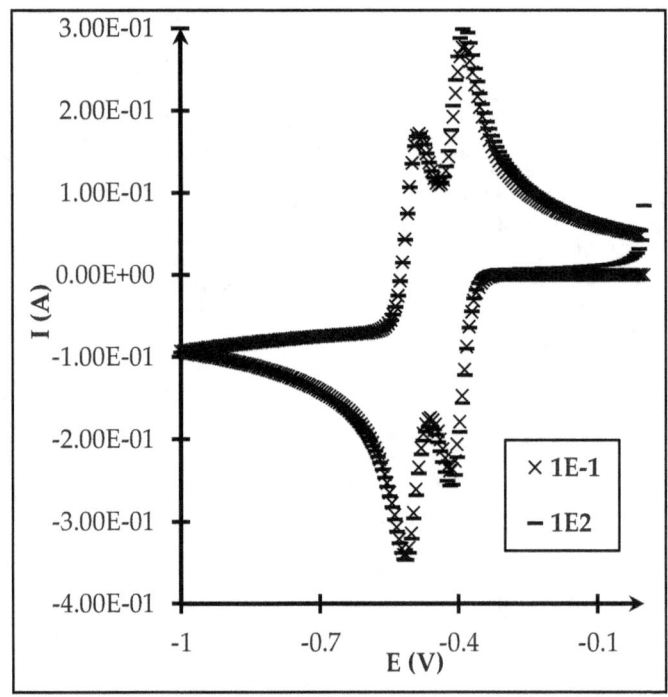

68. E_2 at v = 1E-2

$M_1^{n+} + n_1e^- = M_1$ & $M_2^{n+} + n_2e^- = M_2$			
$C_{o,1}$ & $C_{o,2}$	1E3 & 1E3	T	303
C_1 & C_2	0 & 0	A	1E-4
n_1 & n_2	2 & 3	$D_{o,1}$ & $D_{o,2}$	1E-9 & 1E-9
$E_1°$ & $E_2°$	-0.5 & -0.3	$D_{r,1}$ & $D_{r,2}$	1E-9 & 1E-9
$k_{e,1}$ & $k_{e,2}$	1E-2 & 1E-2	N	1
k_f & k_b	NA	$\alpha_{c,1}$ & $\alpha_{c,2}$	0.5 & 0.5
C_p & D_p	NA	v	1E-2

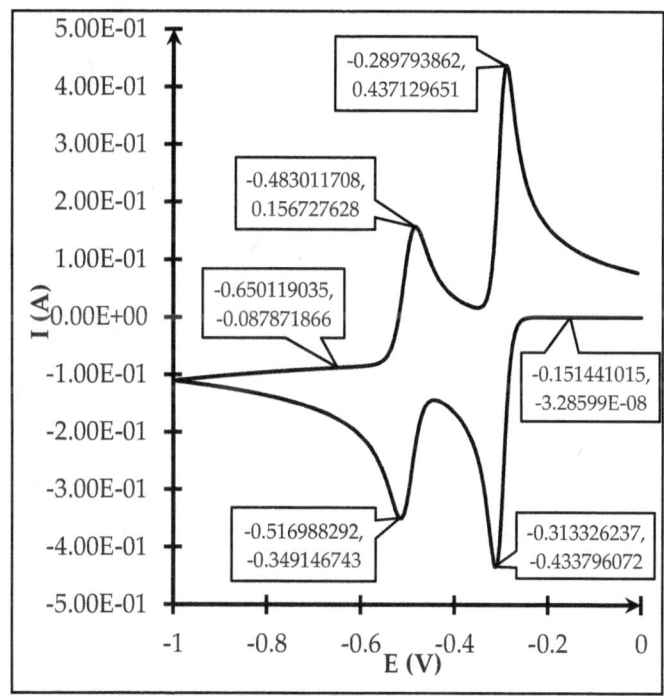

69. E_2 at $v = 2E-2$

$M_1^{n+} + n_1e^- = M_1$ & $M_2^{n+} + n_2e^- = M_2$			
$C_{o,1}$ & $C_{o,2}$	1E3 & 1E3	T	303
C_1 & C_2	0 & 0	A	1E-4
n_1 & n_2	2 & 3	$D_{o,1}$ & $D_{o,2}$	1E-9 & 1E-9
$E_1°$ & $E_2°$	-0.5 & -0.3	$D_{r,1}$ & $D_{r,2}$	1E-9 & 1E-9
$k_{e,1}$ & $k_{e,2}$	1E-2 & 1E-2	N	1
k_f & k_b	NA	$\alpha_{c,1}$ & $\alpha_{c,2}$	0.5 & 0.5
C_P & D_P	NA	v	2E-2

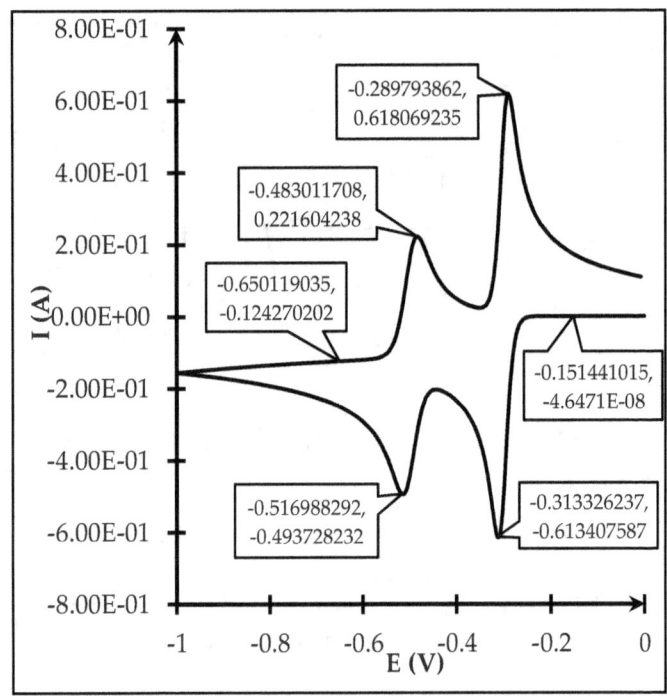

70. E_2 at v = 4E-2

$M_1^{n+} + n_1 e^- = M_1$ & $M_2^{n+} + n_2 e^- = M_2$			
$C_{o,1}$ & $C_{o,2}$	1E3 & 1E3	T	303
C_1 & C_2	0 & 0	A	1E-4
n_1 & n_2	2 & 3	$D_{o,1}$ & $D_{o,2}$	1E-9 & 1E-9
$E_1°$ & $E_2°$	-0.5 & -0.3	$D_{r,1}$ & $D_{r,2}$	1E-9 & 1E-9
$k_{e,1}$ & $k_{e,2}$	1E-2 & 1E-2	N	1
k_f & k_b	NA	$\alpha_{c,1}$ & $\alpha_{c,2}$	0.5 & 0.5
C_p & D_p	NA	v	4E-2

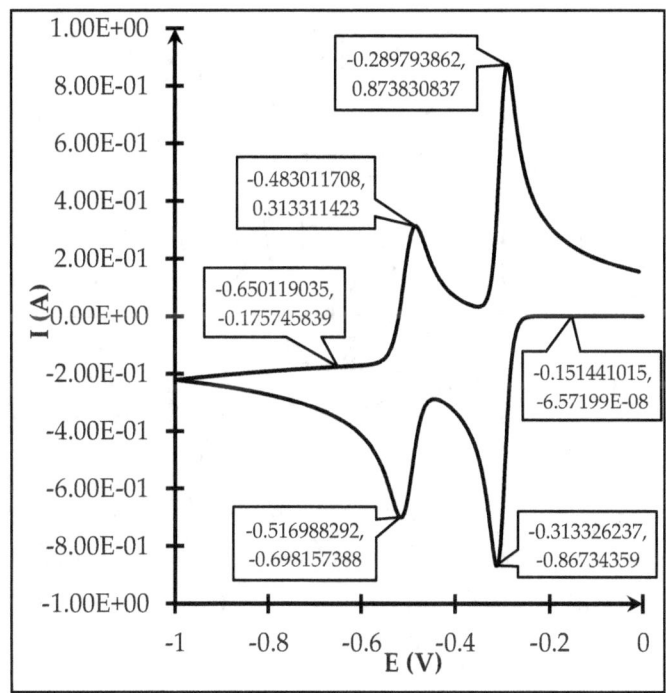

Simulated Cyclic Voltammograms: Basics of Electrochemical Kinetics

71. E_2 at ν = 6E-2

$M_1^{n+} + n_1e^- = M_1$ & $M_2^{n+} + n_2e^- = M_2$			
$C_{o,1}$ & $C_{o,2}$	1E3 & 1E3	T	303
C_1 & C_2	0 & 0	A	1E-4
n_1 & n_2	2 & 3	$D_{o,1}$ & $D_{o,2}$	1E-9 & 1E-9
$E_1°$ & $E_2°$	-0.5 & -0.3	$D_{r,1}$ & $D_{r,2}$	1E-9 & 1E-9
$k_{e,1}$ & $k_{e,2}$	1E-2 & 1E-2	N	1
k_f & k_b	NA	$\alpha_{c,1}$ & $\alpha_{c,2}$	0.5 & 0.5
C_p & D_p	NA	ν	6E-2

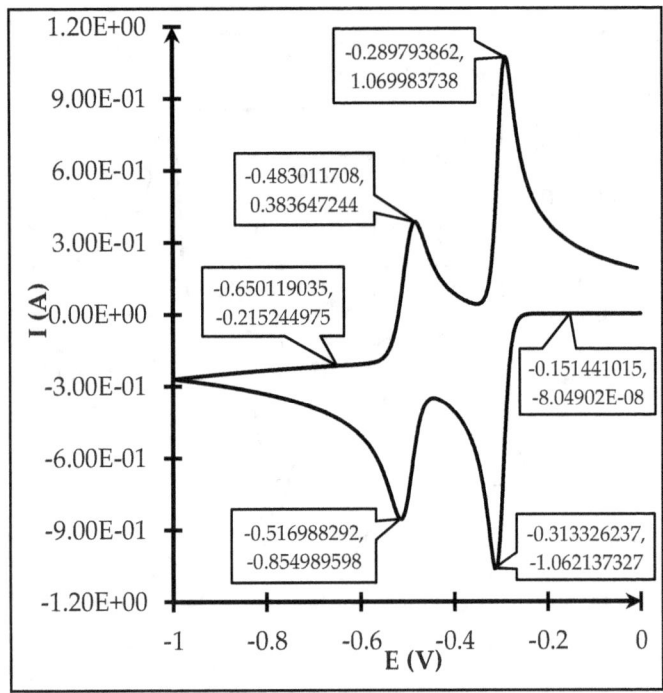

72. E_2 at $\nu = 8E-2$

$M_1^{n+} + n_1e^- = M_1$ & $M_2^{n+} + n_2e^- = M_2$			
$C_{o,1}$ & $C_{o,2}$	1E3 & 1E3	T	303
C_1 & C_2	0 & 0	A	1E-4
n_1 & n_2	2 & 3	$D_{o,1}$ & $D_{o,2}$	1E-9 & 1E-9
$E_1°$ & $E_2°$	-0.5 & -0.3	$D_{r,1}$ & $D_{r,2}$	1E-9 & 1E-9
$k_{e,1}$ & $k_{e,2}$	1E-2 & 1E-2	N	1
k_f & k_b	NA	$\alpha_{c,1}$ & $\alpha_{c,2}$	0.5 & 0.5
C_p & D_p	NA	ν	8E-2

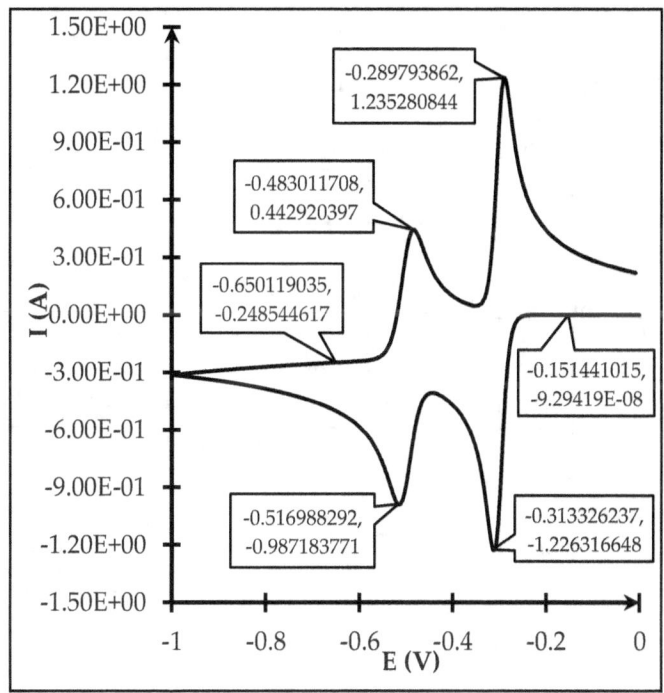

Simulated Cyclic Voltammograms: Basics of Electrochemical Kinetics

73. E_2 at ν = 10E-2

$M_1^{n+} + n_1e^- = M_1$ & $M_2^{n+} + n_2e^- = M_2$			
$C_{o,1}$ & $C_{o,2}$	1E3 & 1E3	T	303
C_1 & C_2	0 & 0	A	1E-4
n_1 & n_2	2 & 3	$D_{o,1}$ & $D_{o,2}$	1E-9 & 1E-9
$E_1°$ & $E_2°$	-0.5 & -0.3	$D_{r,1}$ & $D_{r,2}$	1E-9 & 1E-9
$k_{e,1}$ & $k_{e,2}$	1E-2 & 1E-2	N	1
k_f & k_b	NA	$\alpha_{c,1}$ & $\alpha_{c,2}$	0.5 & 0.5
C_p & D_p	NA	ν	10E-2

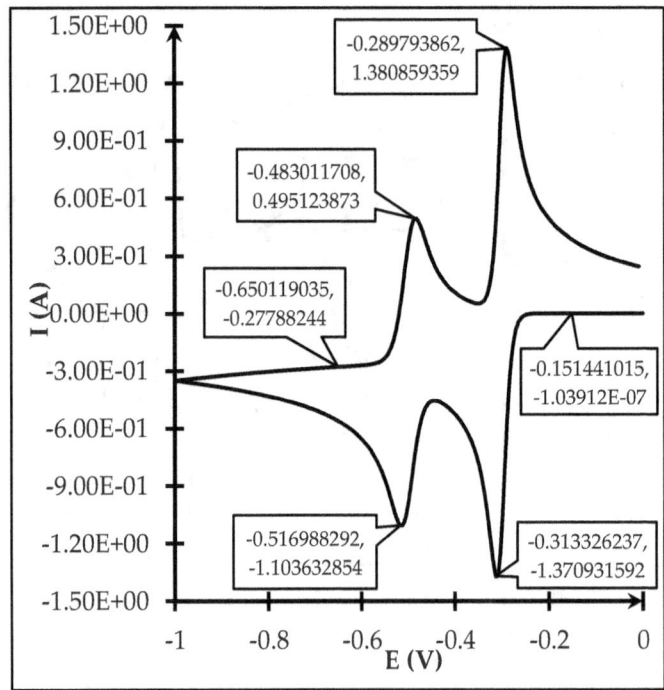

74. E_2 at variations in ν

$M_1^{n+} + n_1 e^- = M_1$ & $M_2^{n+} + n_2 e^- = M_2$			
$C_{o,1}$ & $C_{o,2}$	1E3 & 1E3	T	303
C_1 & C_2	0 & 0	A	1E-4
n_1 & n_2	2 & 3	$D_{o,1}$ & $D_{o,2}$	1E-9 & 1E-9
$E_1°$ & $E_2°$	-0.5 & -0.3	$D_{r,1}$ & $D_{r,2}$	1E-9 & 1E-9
$k_{e,1}$ & $k_{e,2}$	1E-2 & 1E-2	N	1
k_f & k_b	NA	$\alpha_{c,1}$ & $\alpha_{c,2}$	0.5 & 0.5
C_p & D_p	NA	ν (E-2)	1, 2, 4, 6, 8, 10

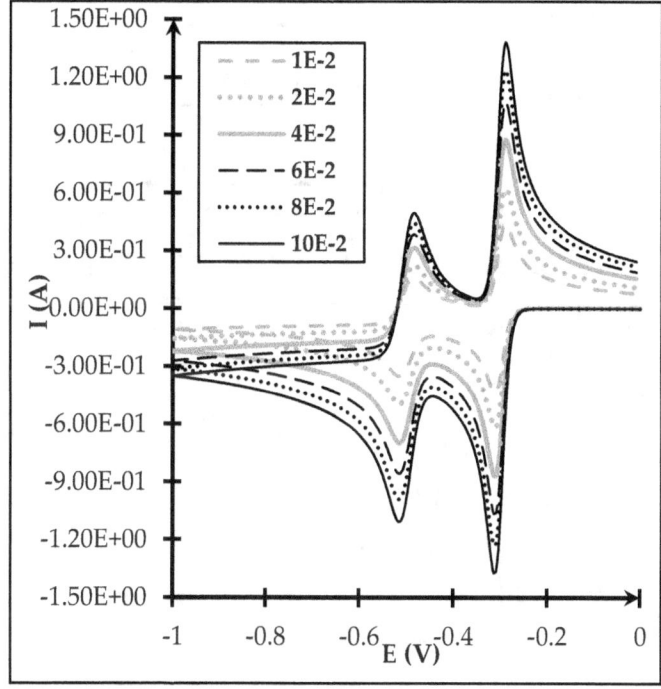

75. E_q at $v = 1E-2$

$M_1^{n+} + n_1 e^- \rightarrow M_1$			
$C_{o,1}$	0.5E3	T	303
C_1	0	A	1E-4
n_1	2	$D_{o,1}$	1E-9
$E_1°$	-0.8	$D_{r,1}$	1E-9
$k_{e,1}$	1E-12	N	1
$k_{e,2}$	NA	$\alpha_{c,1}$	0.5
k_f & k_b	NA	v	1E-2

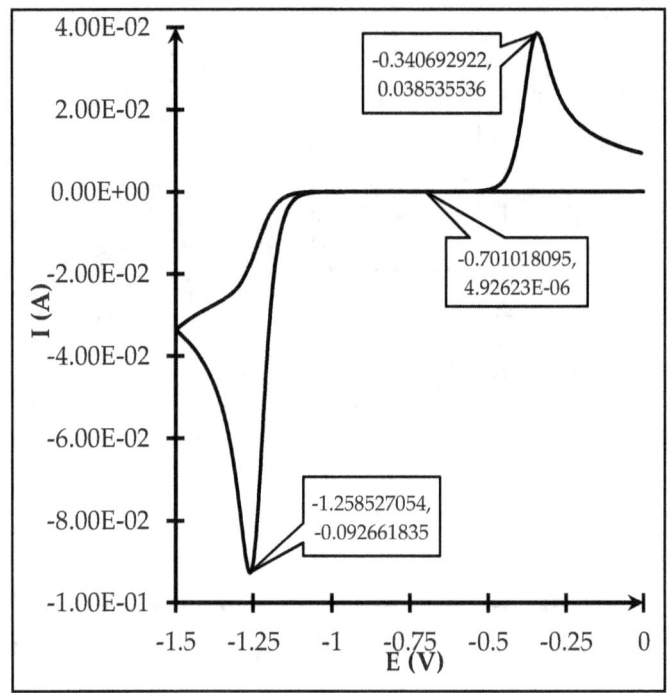

76. E_q at ν = 2E-2

$M_1^{n+} + n_1e^- \to M_1$			
$C_{o,1}$	0.5E3	T	303
C_1	0	A	1E-4
n_1	2	$D_{o,1}$	1E-9
$E_1°$	-0.8	$D_{r,1}$	1E-9
$k_{e,1}$	1E-12	N	1
$k_{e,2}$	NA	$\alpha_{c,1}$	0.5
k_f & k_b	NA	ν	2E-2

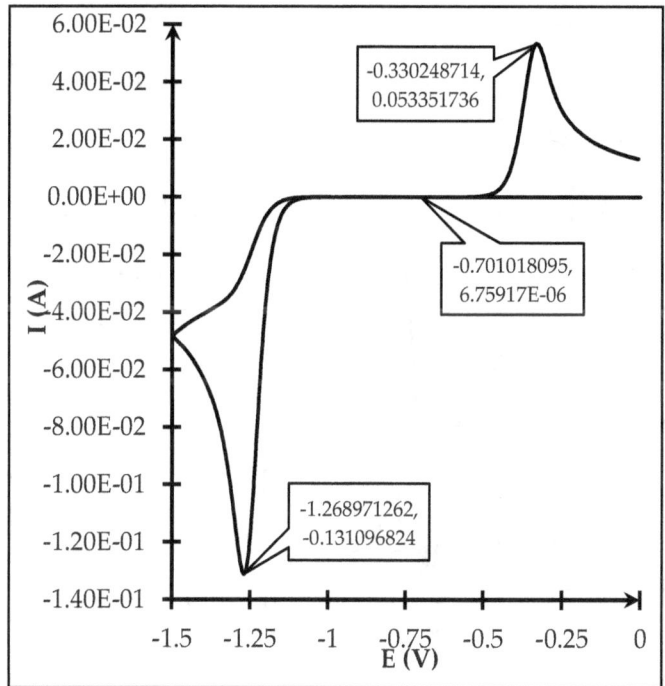

Simulated Cyclic Voltammograms: Basics of Electrochemical Kinetics

77. E_q at $\nu = 4E-2$

$M_1^{n+} + n_1e^- \rightarrow M_1$			
$C_{o,1}$	0.5E3	T	303
C_1	0	A	1E-4
n_1	2	$D_{o,1}$	1E-9
$E_1°$	-0.8	$D_{r,1}$	1E-9
$k_{e,1}$	1E-12	N	1
$k_{e,2}$	NA	$\alpha_{c,1}$	0.5
k_f & k_b	NA	ν	4E-2

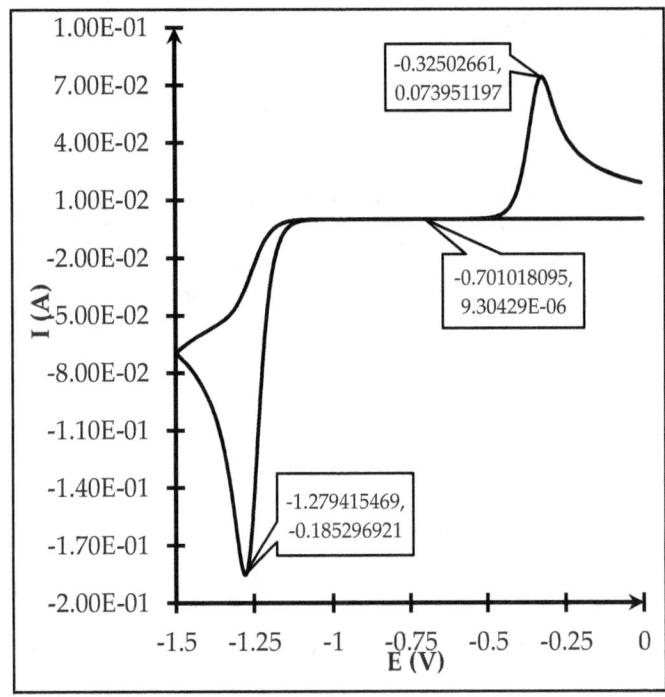

78. E_q at ν = 6E-2

$M_1^{n+} + n_1 e^- \rightarrow M_1$			
$C_{o,1}$	0.5E3	T	303
C_1	0	A	1E-4
n_1	2	$D_{o,1}$	1E-9
$E_1°$	-0.8	$D_{r,1}$	1E-9
$k_{e,1}$	1E-12	N	1
$k_{e,2}$	NA	$\alpha_{c,1}$	0.5
k_f & k_b	NA	ν	6E-2

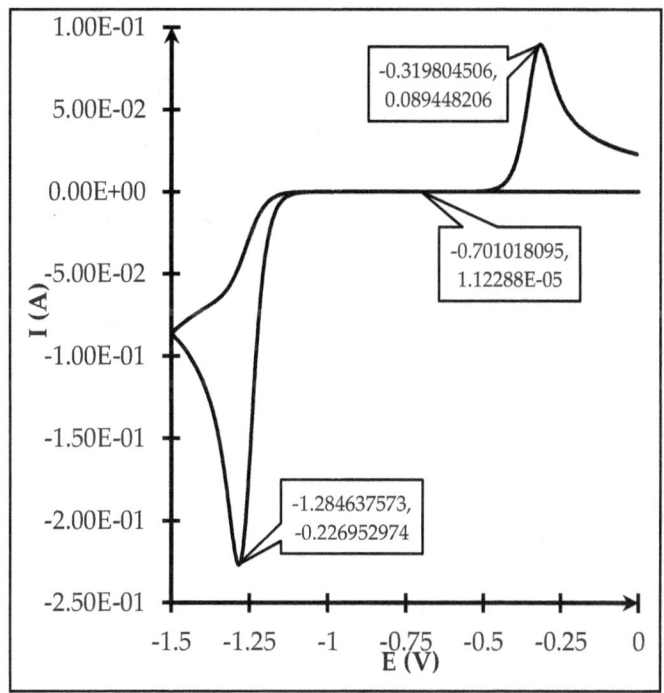

79. E_q at v = 8E-2

$M_1^{n+} + n_1e^- \rightarrow M_1$			
$C_{o,1}$	0.5E3	T	303
C_1	0	A	1E-4
n_1	2	$D_{o,1}$	1E-9
$E_1°$	-0.8	$D_{r,1}$	1E-9
$k_{e,1}$	1E-12	N	1
$k_{e,2}$	NA	$\alpha_{c,1}$	0.5
k_f & k_b	NA	v	8E-2

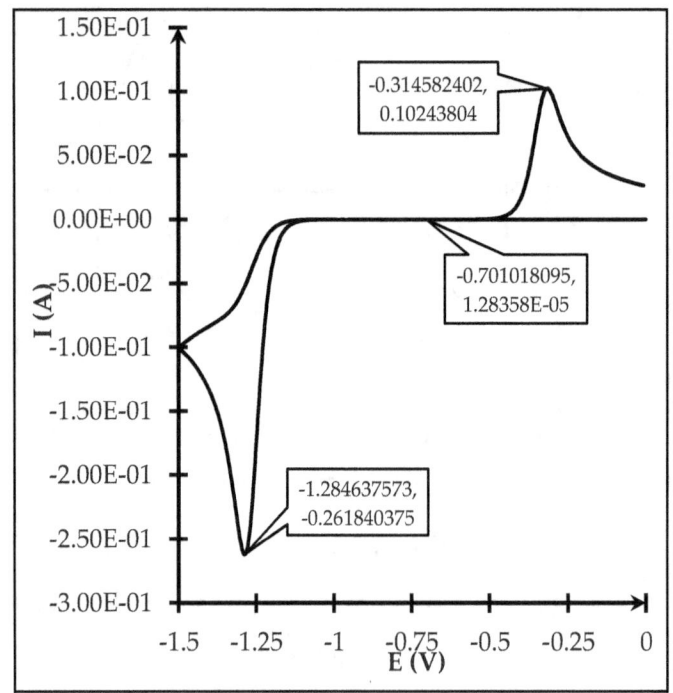

80. E_q at $v = 10E-2$

$M_1^{n+} + n_1 e^- \to M_1$			
$C_{o,1}$	0.5E3	T	303
C_1	0	A	1E-4
n_1	2	$D_{o,1}$	1E-9
$E_1°$	-0.8	$D_{r,1}$	1E-9
$k_{e,1}$	1E-12	N	1
$k_{e,2}$	NA	$\alpha_{c,1}$	0.5
k_f & k_b	NA	v	10E-2

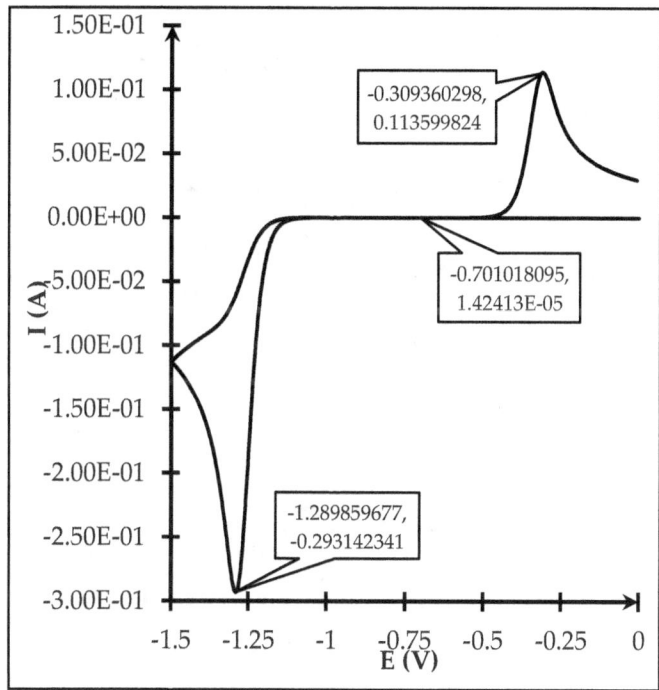

Simulated Cyclic Voltammograms: Basics of Electrochemical Kinetics

81. E_q at $v = 20E-2$

$M_1^{n+} + n_1 e^- \to M_1$			
$C_{o,1}$	0.5E3	T	303
C_1	0	A	1E-4
n_1	2	$D_{o,1}$	1E-9
$E_1°$	-0.8	$D_{r,1}$	1E-9
$k_{e,1}$	1E-12	N	1
$k_{e,2}$	NA	$\alpha_{c,1}$	0.5
k_f & k_b	NA	v	20E-2

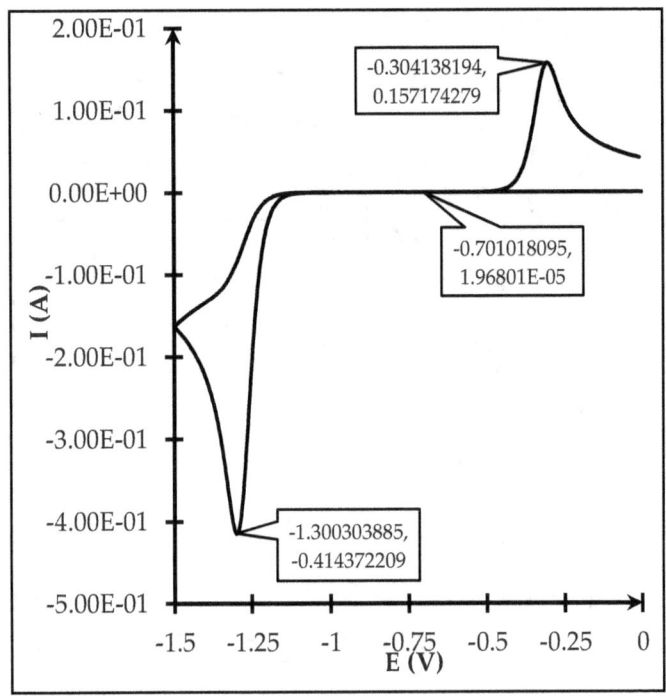

82. E_q at variations in ν

$M_1^{n+} + n_1e^- \rightarrow M_1$			
$C_{o,1}$	0.5E3	T	303
C_1	0	A	1E-4
n_1	2	$D_{o,1}$	1E-9
$E_1°$	-0.8	$D_{r,1}$	1E-9
$k_{e,1}$	1E-12	N	1
$k_{e,2}$	NA	$\alpha_{c,1}$	0.5
$k_f \& k_b$	NA	ν (E-2)	1, 2, 4, 6, 8, 10, 20

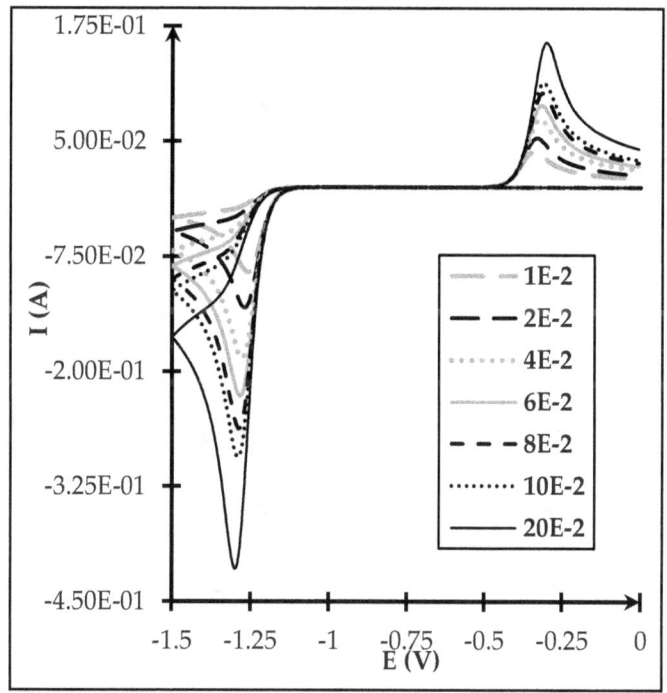

83. I_p vs. $v^{0.5}$ for E_q

$M_1^{n+} + n_1e^- \rightarrow M_1$			
v	$v^{0.5}$	$I_{p,a}$	$I_{p,c}$
1E-2	0.1000000	0.038535536	-0.092661835
2E-2	0.1414214	0.053351736	-0.131096824
4E-2	0.2000000	0.073951197	-0.185296921
6E-2	0.2449490	0.089448206	-0.226952974
8E-2	0.2828427	0.10243804	-0.261840375
10E-2	0.3162278	0.113599824	-0.293142341
20E-2	0.4472136	0.157174279	-0.414372209

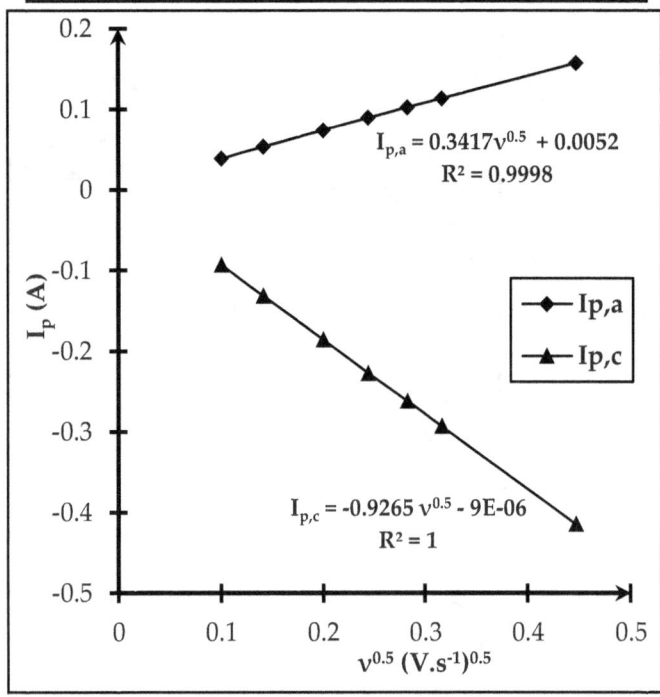

84. E_2 at $C_{o,1} = 0$ & $C_1 = 1E3$

$M_1^{n+} + n_1e^- \to M_1$ & $M_2^{n+} + n_2e^- \to M_2$			
$C_{o,1}$ & $C_{o,2}$	0 & 1E3	T	303
C_1 & C_2	1E3 & 0	A	1E-4
n_1 & n_2	2 & 2	$D_{o,1}$ & $D_{o,2}$	1E-9 & 1E-9
$E_1°$ & $E_2°$	-0.3 & -0.6	$D_{r,1}$ & $D_{r,2}$	1E-9 & 1E-9
$k_{e,1}$ & $k_{e,2}$	1E-12 & 1E-2	N	1
k_f & k_b	NA	$\alpha_{c,1}$ & $\alpha_{c,2}$	0.5 & 0.5
C_p & D_p	NA	ν	1E-2

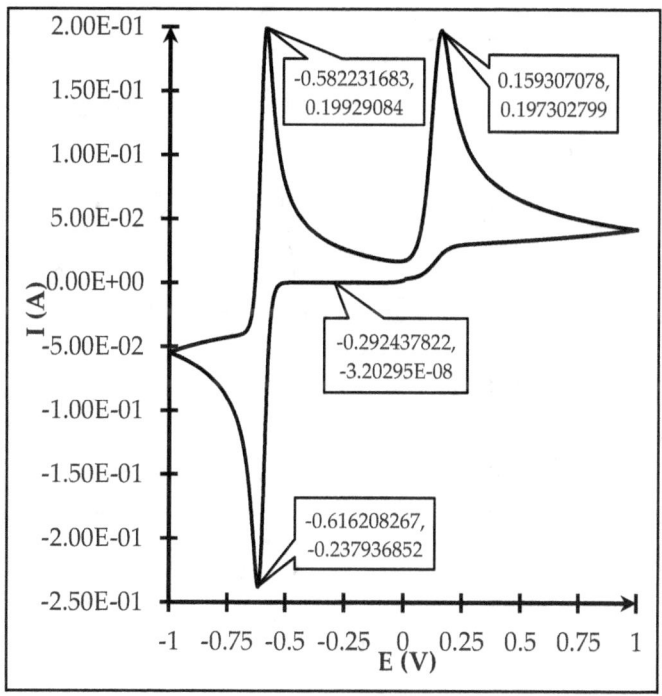

85. E_2 at $C_{o,2} = 0$ & $C_2 = 1E3$

$M_1^{n+} + n_1e^- \rightarrow M_1$ & $M_2^{n+} + n_2e^- \rightarrow M_2$			
$C_{o,1}$ & $C_{o,2}$	1E3 & 0	T	303
C_1 & C_2	0 & 1E3	A	1E-4
n_1 & n_2	2 & 2	$D_{o,1}$ & $D_{o,2}$	1E-9 & 1E-9
$E_1°$ & $E_2°$	-0.3 & -0.6	$D_{r,1}$ & $D_{r,2}$	1E-9 & 1E-9
$k_{e,1}$ & $k_{e,2}$	1E-2 & 1E-12	N	1
k_f & k_b	NA	$\alpha_{c,1}$ & $\alpha_{c,2}$	0.5 & 0.5
C_p & D_p	NA	v	1E-2

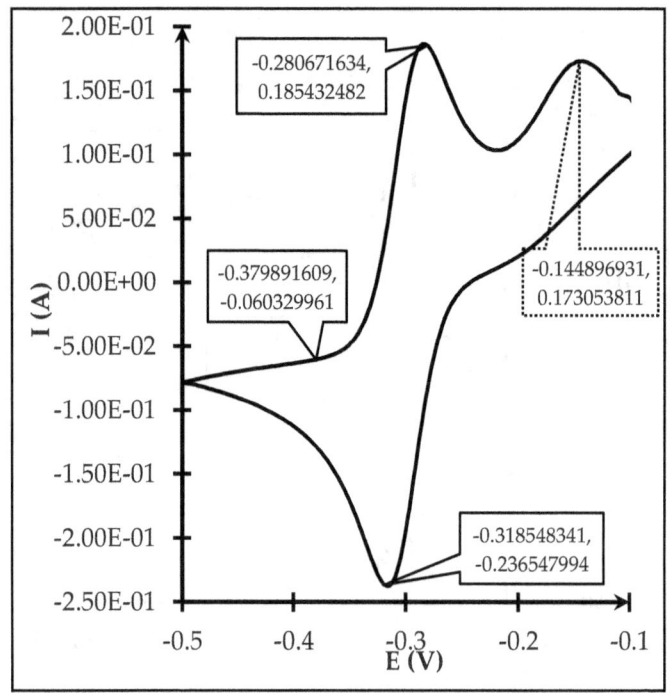

Simulated Cyclic Voltammograms: Basics of Electrochemical Kinetics

86. $E_{q,1} C_{i,1}$ at $k_{f,1} = 1E1$

$M_1^{n+} + n_1e^- \rightarrow M_1$ & $M_1 \rightarrow P_1$			
$C_{o,1}$ & $C_{o,2}$	1E3 & NA	T	303
C_1 & C_2	0 & NA	A	1E-4
n_1 & n_2	2 & NA	$D_{o,1}$ & $D_{o,2}$	1E-9 & NA
$E_1°$ & $E_2°$	-0.5 & NA	$D_{r,1}$ & $D_{r,2}$	1E-9 & NA
$k_{e,1}$ & $k_{e,2}$	1E-2 & NA	N	1
$k_{f,1}$ & $k_{b,1}$	1E1 & 1	$\alpha_{c,1}$ & $\alpha_{c,2}$	0.5 & NA
$C_{p,1}$ & $D_{p,1}$	0 & 1E-9	ν	1E-2

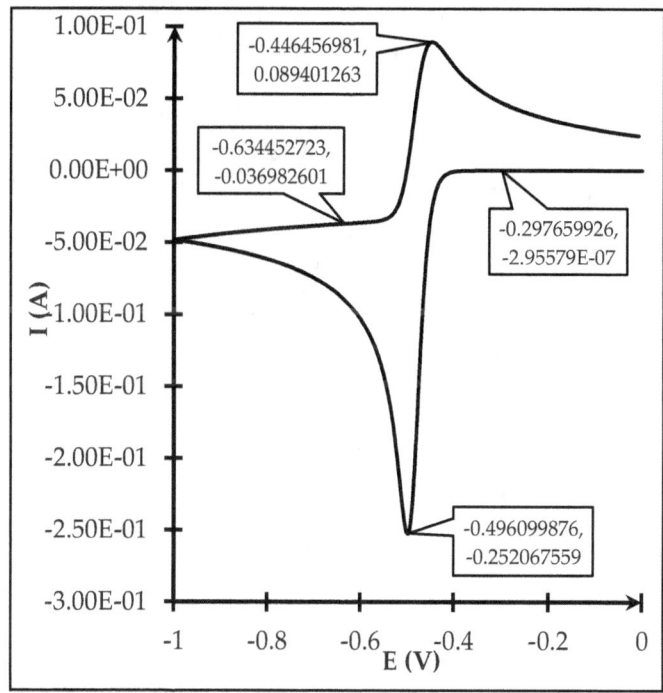

87. $E_{i,1} C_{i,1}$ at $k_{f,1} = 1E2$

$M_1^{n+} + n_1 e^- \rightarrow M_1$ & $M_1 \rightarrow P_1$			
$C_{o,1}$ & $C_{o,2}$	1E3 & NA	T	303
C_1 & C_2	0 & NA	A	1E-4
n_1 & n_2	2 & NA	$D_{o,1}$ & $D_{o,2}$	1E-9 & NA
$E_1°$ & $E_2°$	-0.5 & NA	$D_{r,1}$ & $D_{r,2}$	1E-9 & NA
$k_{e,1}$ & $k_{e,2}$	1E-2 & NA	N	1
$k_{f,1}$ & $k_{b,1}$	1E2 & 1	$\alpha_{c,1}$ & $\alpha_{c,2}$	0.5 & NA
$C_{p,1}$ & $D_{p,1}$	0 & 1E-9	ν	1E-2

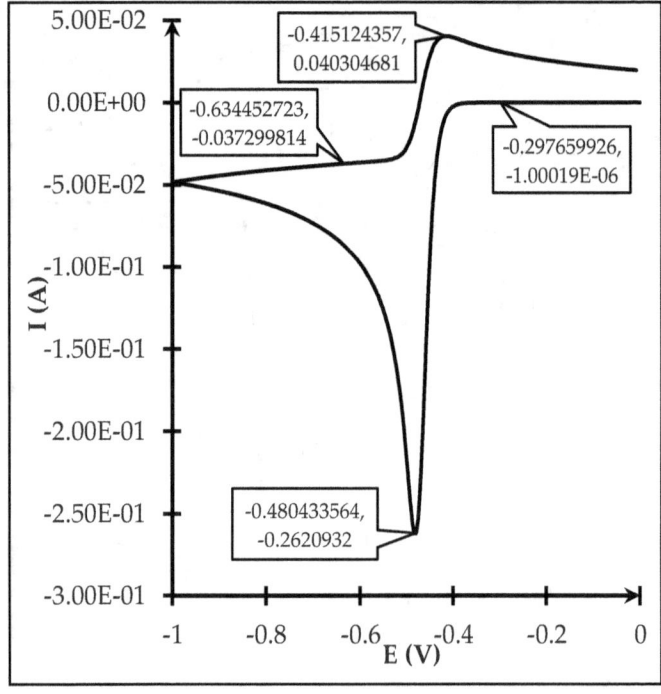

88. $E_{i,1}\,C_{i,1}$ at $k_{f,1}=1E3$

$M_1^{n+} + n_1e^- \rightarrow M_1$ & $M_1 \rightarrow P_1$			
$C_{o,1}$ & $C_{o,2}$	1E3 & NA	T	303
C_1 & C_2	0 & NA	A	1E-4
n_1 & n_2	2 & NA	$D_{o,1}$ & $D_{o,2}$	1E-9 & NA
$E_1°$ & $E_2°$	-0.5 & NA	$D_{r,1}$ & $D_{r,2}$	1E-9 & NA
$k_{e,1}$ & $k_{e,2}$	1E-2 & NA	N	1
$k_{f,1}$ & $k_{b,1}$	1E3 & 1	$\alpha_{c,1}$ & $\alpha_{c,2}$	0.5 & NA
$C_{p,1}$ & $D_{p,1}$	0 & 1E-9	ν	1E-2

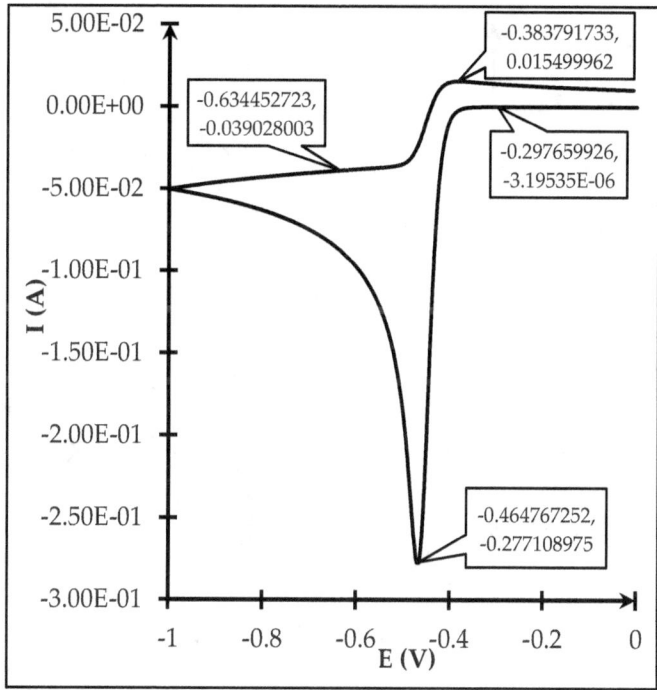

89. $E_{i,1} C_{i,1}$ at variations in $k_{f,1}$

$M_1^{n+} + n_1 e^- \rightarrow M_1$ & $M_1 \rightarrow P_1$			
$C_{o,1}$ & $C_{o,2}$	1E3 & NA	T	303
C_1 & C_2	0 & NA	A	1E-4
n_1 & n_2	2 & NA	$D_{o,1}$ & $D_{o,2}$	1E-9 & NA
$E_1°$ & $E_2°$	-0.5 & NA	$D_{r,1}$ & $D_{r,2}$	1E-9 & NA
$k_{f,1}$	1E1, 1E2, 1E3	N	1
$k_{e,1}$ & $k_{b,1}$	1E-2 & 1	$\alpha_{c,1}$ & $\alpha_{c,2}$	0.5 & NA
$C_{p,1}$ & $D_{p,1}$	0 & 1E-9	ν	1E-2

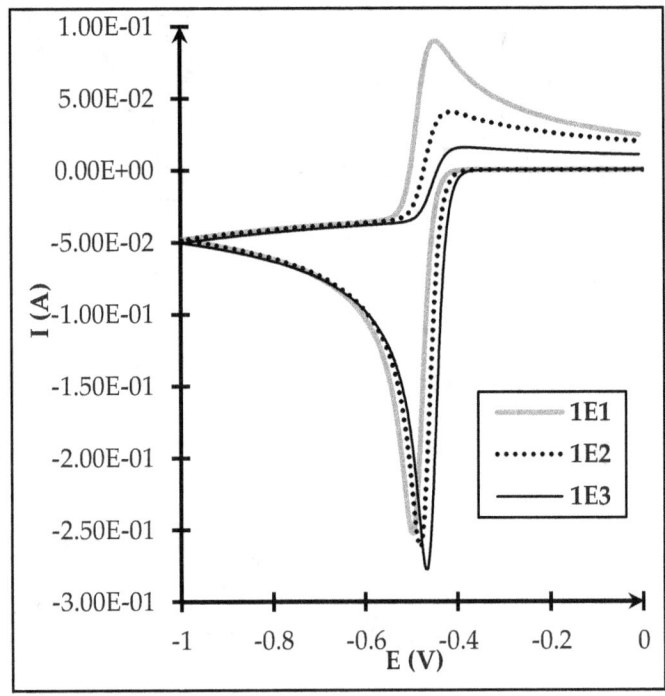

90. $E_{r,1} C_{r,1}$ at $k_{b,1} = 1$

$M_1^{n+} + n_1 e^- = M_1$ & $M_1 = P_1$			
$C_{o,1}$ & $C_{o,2}$	1E3 & NA	T	303
C_1 & C_2	0 & NA	A	1E-4
n_1 & n_2	2 & NA	$D_{o,1}$ & $D_{o,2}$	1E-9 & NA
$E_1°$ & $E_2°$	-0.5 & NA	$D_{r,1}$ & $D_{r,2}$	1E-9 & NA
$k_{e,1}$ & $k_{e,2}$	1E-2 & NA	N	1
$k_{f,1}$ & $k_{b,1}$	1 & 1	$\alpha_{c,1}$ & $\alpha_{c,2}$	0.5 & NA
$C_{p,1}$ & $D_{p,1}$	0 & 1E-9	ν	1E-2

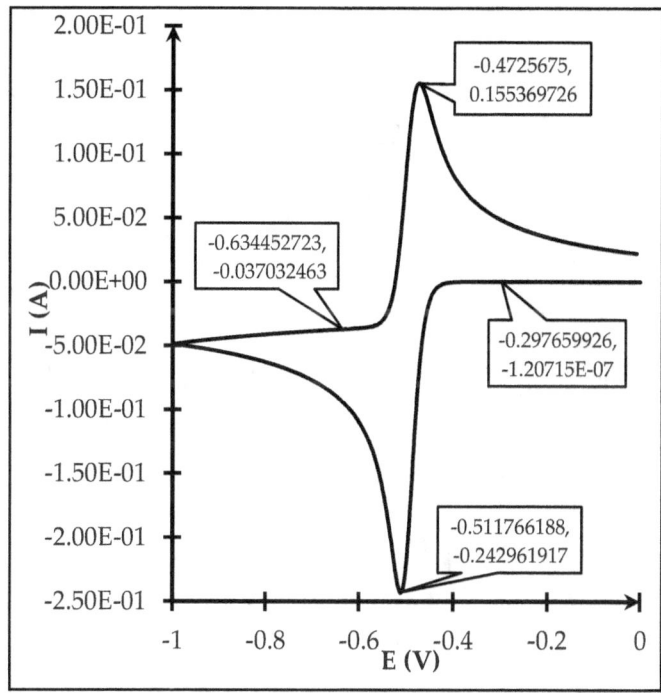

91. $E_{r,1} C_{i,1}$ at $k_{b,1} = 10$

$M_1^{n+} + n_1 e^- = M_1$ & $M_1 \to P_1$			
$C_{o,1}$ & $C_{o,2}$	1E3 & NA	T	303
C_1 & C_2	0 & NA	A	1E-4
n_1 & n_2	2 & NA	$D_{o,1}$ & $D_{o,2}$	1E-9 & NA
E_1° & E_2°	-0.5 & NA	$D_{r,1}$ & $D_{r,2}$	1E-9 & NA
$k_{e,1}$ & $k_{e,2}$	1E-2 & NA	N	1
$k_{f,1}$ & $k_{b,1}$	1 & 10	$\alpha_{c,1}$ & $\alpha_{c,2}$	0.5 & NA
$C_{p,1}$ & $D_{p,1}$	0 & 1E-9	ν	1E-2

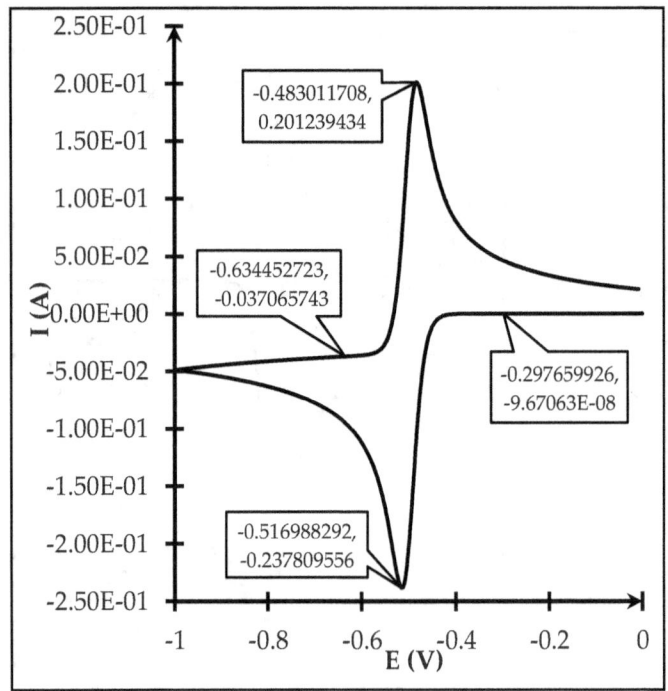

92. $E_{r,1}\ C_{i,1}$ at $k_{b,1} = 100$

$M_1^{n+} + n_1e^- = M_1$ & $M_1 \rightarrow P_1$			
$C_{o,1}$ & $C_{o,2}$	1E3 & NA	T	303
C_1 & C_2	0 & NA	A	1E-4
n_1 & n_2	2 & NA	$D_{o,1}$ & $D_{o,2}$	1E-9 & NA
$E_1°$ & $E_2°$	-0.5 & NA	$D_{r,1}$ & $D_{r,2}$	1E-9 & NA
$k_{e,1}$ & $k_{e,2}$	1E-2 & NA	N	1
$k_{f,1}$ & $k_{b,1}$	1 & 100	$\alpha_{c,1}$ & $\alpha_{c,2}$	0.5 & NA
$C_{p,1}$ & $D_{p,1}$	0 & 1E-9	ν	1E-2

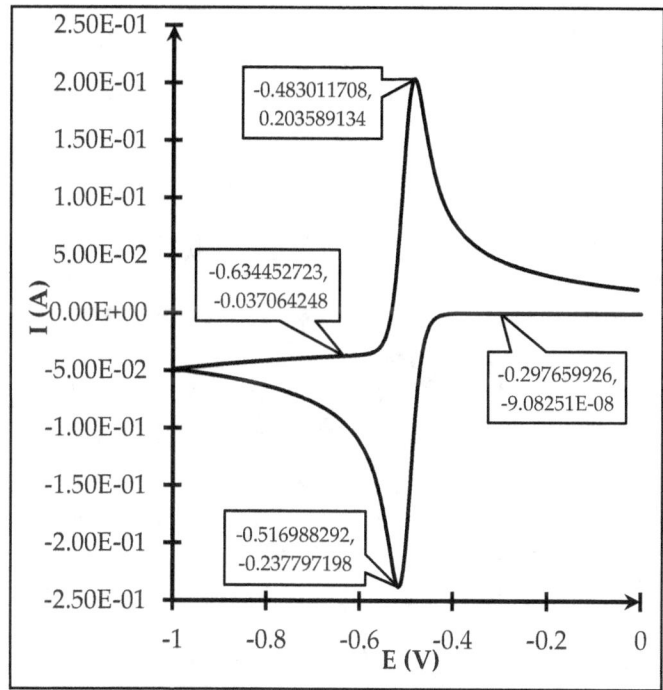

93. $E_{r,1}\ C_{i,1}$ at variations in $k_{b,1}$

$M_1^{n+} + n_1e^- = M_1$ & $M_1 \to P_1$			
$C_{o,1}$ & $C_{o,2}$	1E3 & NA	T	303
C_1 & C_2	0 & NA	A	1E-4
n_1 & n_2	2 & NA	$D_{o,1}$ & $D_{o,2}$	1E-9 & NA
$E_1°$ & $E_2°$	-0.5 & NA	$D_{r,1}$ & $D_{r,2}$	1E-9 & NA
$k_{b,1}$	1, 10, 100	N	1
$k_{e,1}$ & $k_{f,1}$	1E-2 & 1	$\alpha_{c,1}$ & $\alpha_{c,2}$	0.5 & NA
$C_{p,1}$ & $D_{p,1}$	0 & 1E-9	ν	1E-2

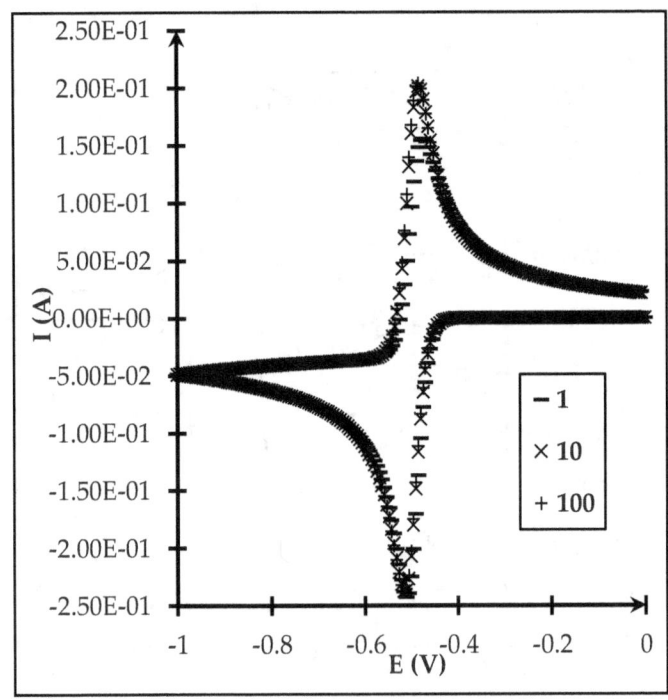

94. $E_{r,1} C_{r,1}$ at $C_{p,1} = 1$

$M_1^{n+} + n_1 e^- = M_1$ & $M_1 = P_1$			
$C_{o,1}$ & $C_{o,2}$	1E3 & NA	T	303
C_1 & C_2	0 & NA	A	1E-4
n_1 & n_2	2 & NA	$D_{o,1}$ & $D_{o,2}$	1E-9 & NA
$E_1°$ & $E_2°$	-0.5 & NA	$D_{r,1}$ & $D_{r,2}$	1E-9 & NA
$k_{e,1}$ & $k_{e,2}$	1E-2 & NA	N	1
$k_{f,1}$ & $k_{b,1}$	1 & 1	$\alpha_{c,1}$ & $\alpha_{c,2}$	0.5 & NA
$C_{p,1}$ & $D_{p,1}$	1 & 1E-9	ν	1E-2

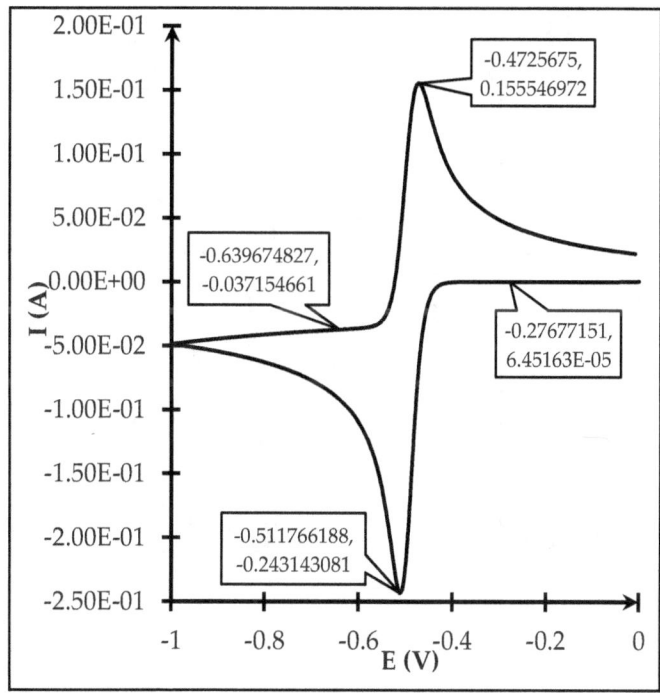

95. $E_{r,1} C_{r,1}$ at $C_{p,1} = 0.5E2$

$M_1^{n+} + n_1e^- = M_1$ & $M_1 = P_1$			
$C_{o,1}$ & $C_{o,2}$	1E3 & NA	T	303
C_1 & C_2	0 & NA	A	1E-4
n_1 & n_2	2 & NA	$D_{o,1}$ & $D_{o,2}$	1E-9 & NA
$E_1°$ & $E_2°$	-0.5 & NA	$D_{r,1}$ & $D_{r,2}$	1E-9 & NA
$k_{e,1}$ & $k_{e,2}$	1E-2 & NA	N	1
$k_{f,1}$ & $k_{b,1}$	1 & 1	$\alpha_{c,1}$ & $\alpha_{c,2}$	0.5 & NA
$C_{p,1}$ & $D_{p,1}$	0.5E2 & 1E-9	ν	1E-2

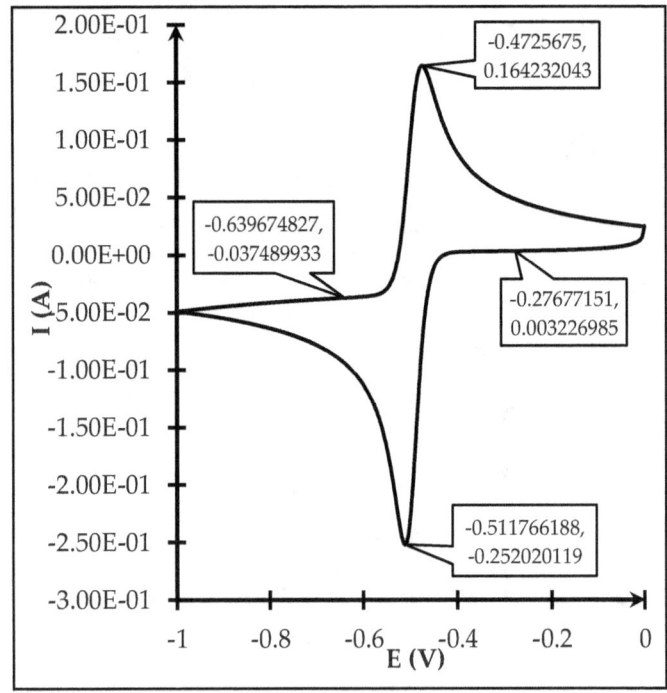

96. $E_{r,1} C_{r,1}$ at $C_{p,1} = 1E2$

$M_1^{n+} + n_1 e^- = M_1$ & $M_1 = P_1$			
$C_{o,1}$ & $C_{o,2}$	1E3 & NA	T	303
C_1 & C_2	0 & NA	A	1E-4
n_1 & n_2	2 & NA	$D_{o,1}$ & $D_{o,2}$	1E-9 & NA
$E_1°$ & $E_2°$	-0.5 & NA	$D_{r,1}$ & $D_{r,2}$	1E-9 & NA
$k_{e,1}$ & $k_{e,2}$	1E-2 & NA	N	1
$k_{f,1}$ & $k_{b,1}$	1 & 1	$\alpha_{c,1}$ & $\alpha_{c,2}$	0.5 & NA
$C_{p,1}$ & $D_{p,1}$	1E2 & 1E-9	ν	1E-2

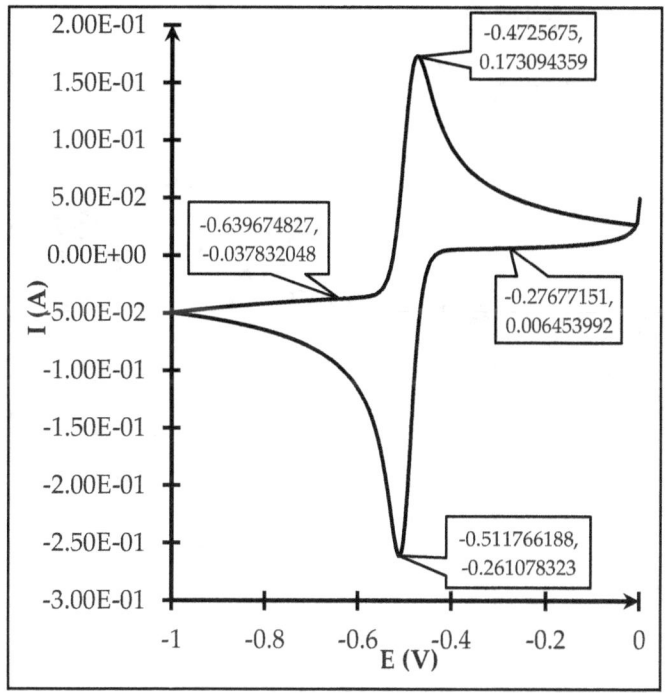

97. $E_{r,1} C_{r,1}$ at variations in $C_{p,1}$

$M_1^{n+} + n_1 e^- = M_1$ & $M_1 = P_1$			
$C_{o,1}$ & $C_{o,2}$	1E3 & NA	T	303
C_1 & C_2	0 & NA	A	1E-4
n_1 & n_2	2 & NA	$D_{o,1}$ & $D_{o,2}$	1E-9 & NA
$E_1°$ & $E_2°$	-0.5 & NA	$D_{r,1}$ & $D_{r,2}$	1E-9 & NA
$k_{e,1}$ & $D_{p,1}$	1E-2 & 1E-9	N	1
$k_{f,1}$ & $k_{b,1}$	1 & 1	$\alpha_{c,1}$ & $\alpha_{c,2}$	0.5 & NA
$C_{p,1}$	1, 0.5E2, 1E2	v	1E-2

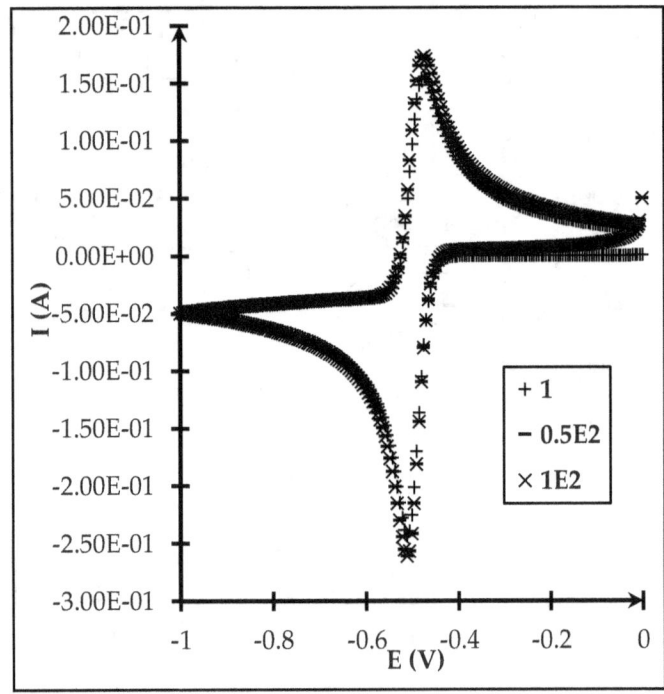

98. $E_{i,1} C_{i,1}$ at $C_1 = 1E-2$

$M_1^{n+} + n_1e^- \rightarrow M_1$ & $M_1 \rightarrow P_1$			
$C_{o,1}$ & $C_{o,2}$	1E3 & NA	T	303
C_1 & C_2	1E-2 & NA	A	1E-4
n_1 & n_2	2 & NA	$D_{o,1}$ & $D_{o,2}$	1E-9 & NA
$E_1°$ & $E_2°$	-0.5 & NA	$D_{r,1}$ & $D_{r,2}$	1E-9 & NA
$k_{e,1}$ & $k_{e,2}$	1E-2 & NA	N	1
$k_{f,1}$ & $k_{b,1}$	1E2 & 0	$\alpha_{c,1}$ & $\alpha_{c,2}$	0.5 & NA
$C_{p,1}$ & $D_{p,1}$	1E2 & 1E-9	ν	1E-2

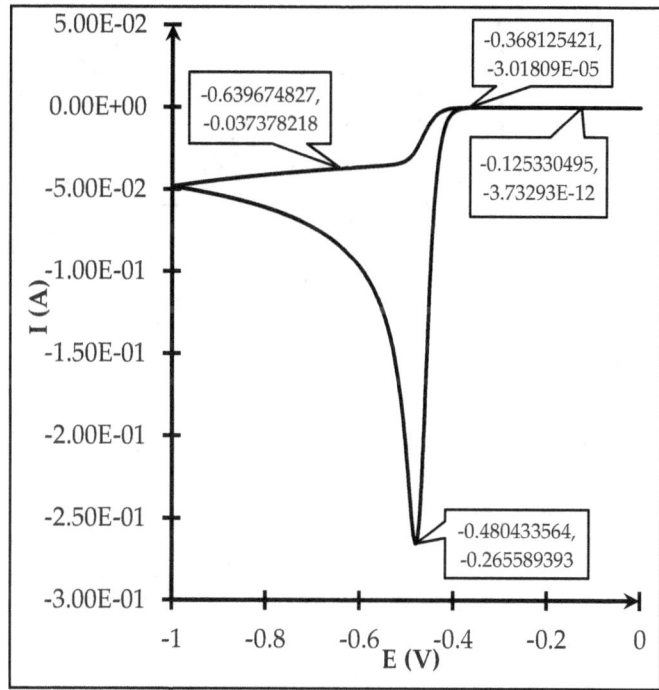

99. $E_{i,1} C_{i,1}$ at $C_1 = 1E2$

$M_1^{n+} + n_1e^- \to M_1$ & $M_1 \to P_1$			
$C_{o,1}$ & $C_{o,2}$	1E3 & NA	T	303
C_1 & C_2	1E2 & NA	A	1E-4
n_1 & n_2	2 & NA	$D_{o,1}$ & $D_{o,2}$	1E-9 & NA
$E_1°$ & $E_2°$	-0.5 & NA	$D_{r,1}$ & $D_{r,2}$	1E-9 & NA
$k_{e,1}$ & $k_{e,2}$	1E-2 & NA	N	1
$k_{f,1}$ & $k_{b,1}$	1E2 & 0	$\alpha_{c,1}$ & $\alpha_{c,2}$	0.5 & NA
$C_{p,1}$ & $D_{p,1}$	1E2 & 1E-9	ν	1E-2

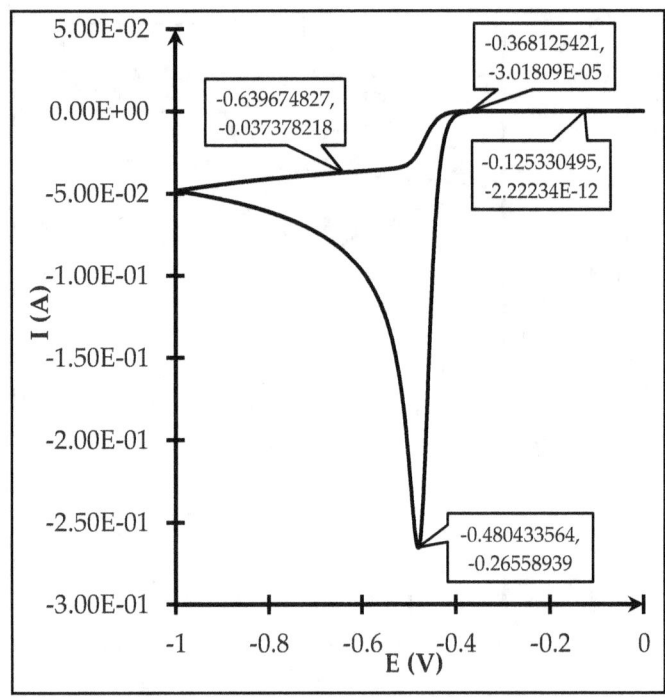

100. $E_{q,1} C_{i,1}$ at $N=1$

$M_1^{n+} + n_1 e^- \to M_1$ & $M_1 \to P_1$			
$C_{o,1}$ & $C_{o,2}$	1E3 & NA	T	303
C_1 & C_2	0 & NA	A	1E-4
n_1 & n_2	1 & NA	$D_{o,1}$ & $D_{o,2}$	1E-9 & NA
$E_1°$ & $E_2°$	-0.5 & NA	$D_{r,1}$ & $D_{r,2}$	1E-9 & NA
$k_{e,1}$ & $k_{e,2}$	1E-2 & NA	N	1
$k_{f,1}$ & $k_{b,1}$	10 & 2	$\alpha_{c,1}$ & $\alpha_{c,2}$	0.5 & NA
$C_{p,1}$ & $D_{p,1}$	0 & 1E-9	ν	1E-2

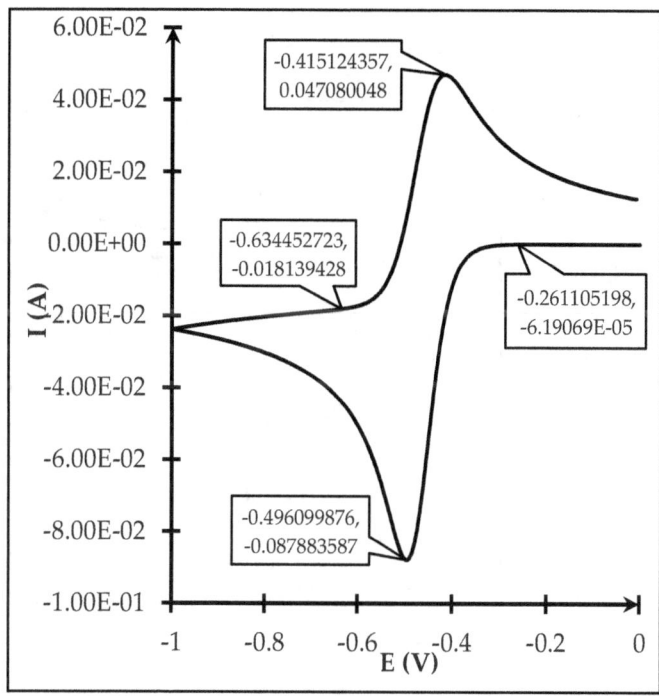

Simulated Cyclic Voltammograms: Basics of Electrochemical Kinetics

101. $E_{q,1}\,C_{i,1}$ at $N=5$

$M_1^{n+} + n_1 e^- \to M_1$ & $M_1 \to P_1$			
$C_{o,1}$ & $C_{o,2}$	1E3 & NA	T	303
C_1 & C_2	0 & NA	A	1E-4
n_1 & n_2	1 & NA	$D_{o,1}$ & $D_{o,2}$	1E-9 & NA
$E_1°$ & $E_2°$	-0.5 & NA	$D_{r,1}$ & $D_{r,2}$	1E-9 & NA
$k_{e,1}$ & $k_{e,2}$	1E-2 & NA	N	5
$k_{f,1}$ & $k_{b,1}$	10 & 2	$\alpha_{c,1}$ & $\alpha_{c,2}$	0.5 & NA
$C_{p,1}$ & $D_{p,1}$	0 & 1E-9	ν	1E-2

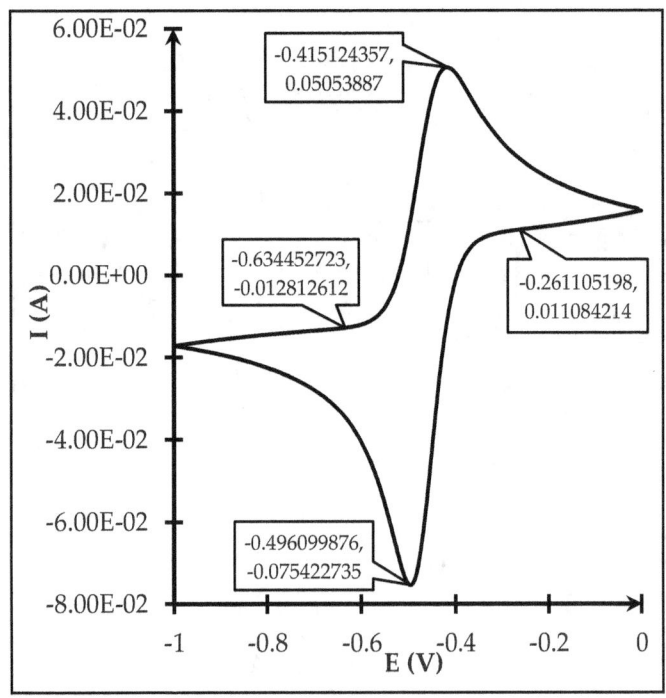

102. $E_{q,1} C_{i,1}$ at N = 10

$M_1^{n+} + n_1e^- \rightarrow M_1$ & $M_1 \rightarrow P_1$			
$C_{o,1}$ & $C_{o,2}$	1E3 & NA	T	303
C_1 & C_2	0 & NA	A	1E-4
n_1 & n_2	1 & NA	$D_{o,1}$ & $D_{o,2}$	1E-9 & NA
$E_1°$ & $E_2°$	-0.5 & NA	$D_{r,1}$ & $D_{r,2}$	1E-9 & NA
$k_{e,1}$ & $k_{e,2}$	1E-2 & NA	N	10
$k_{f,1}$ & $k_{b,1}$	10 & 2	$\alpha_{c,1}$ & $\alpha_{c,2}$	0.5 & NA
$C_{p,1}$ & $D_{p,1}$	0 & 1E-9	ν	1E-2

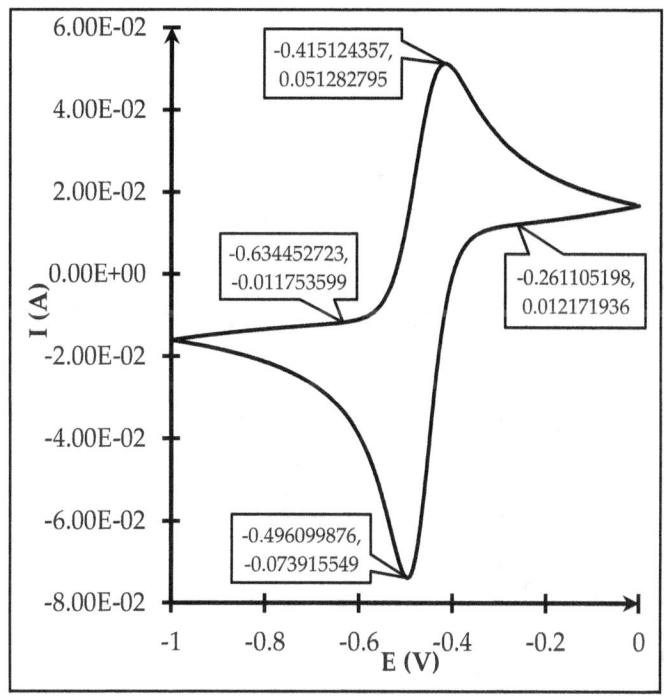

103. $E_{q,1} C_{i,1}$ at $N = 100$

$M_1^{n+} + n_1e^- \rightarrow M_1$ & $M_1 \rightarrow P_1$			
$C_{o,1}$ & $C_{o,2}$	1E3 & NA	T	303
C_1 & C_2	0 & NA	A	1E-4
n_1 & n_2	1 & NA	$D_{o,1}$ & $D_{o,2}$	1E-9 & NA
$E_1°$ & $E_2°$	-0.5 & NA	$D_{r,1}$ & $D_{r,2}$	1E-9 & NA
$k_{e,1}$ & $k_{e,2}$	1E-2 & NA	N	100
$k_{f,1}$ & $k_{b,1}$	10 & 2	$\alpha_{c,1}$ & $\alpha_{c,2}$	0.5 & NA
$C_{p,1}$ & $D_{p,1}$	0 & 1E-9	ν	1E-2

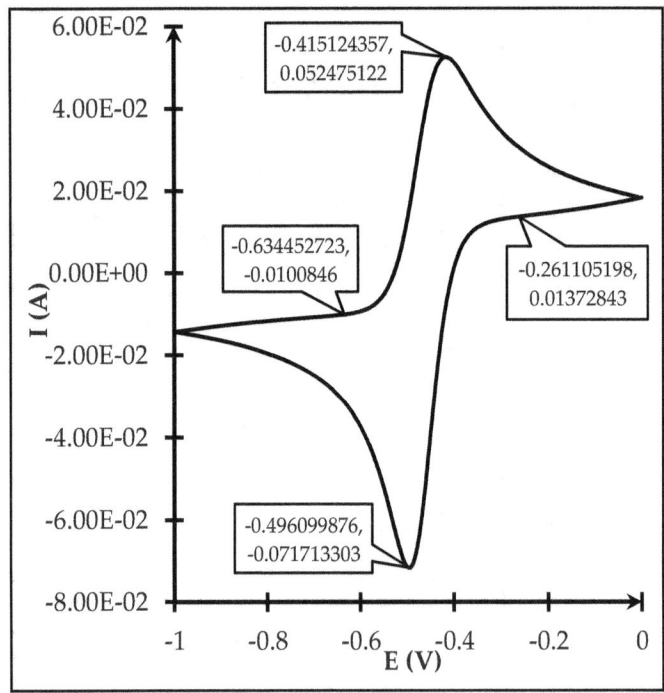

104. $E_{q,1}\,C_{i,1}$ at variations in N

$M_1^{n+} + n_1e^- \rightarrow M_1$ & $M_1 \rightarrow P_1$			
$C_{o,1}$ & $C_{o,2}$	1E3 & NA	T	303
C_1 & C_2	0 & NA	A	1E-4
n_1 & n_2	1 & NA	$D_{o,1}$ & $D_{o,2}$	1E-9 & NA
$E_1°$ & $E_2°$	-0.5 & NA	$D_{r,1}$ & $D_{r,2}$	1E-9 & NA
$k_{e,1}$ & $k_{e,2}$	1E-2 & NA	N	1, 5, 10, 100
$k_{f,1}$ & $k_{b,1}$	10 & 2	$\alpha_{c,1}$ & $\alpha_{c,2}$	0.5 & NA
$C_{p,1}$ & $D_{p,1}$	0 & 1E-9	ν	1E-2

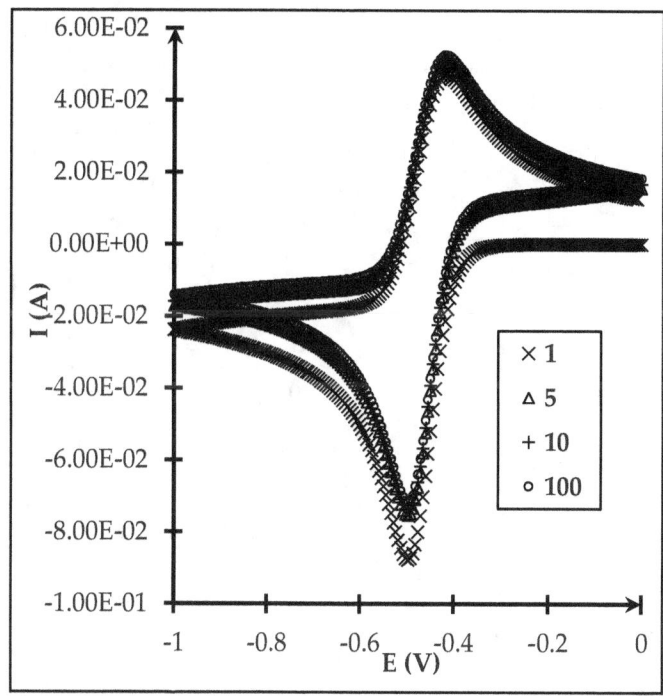

105. $E_{q,1}\ C_{i,1}$ at $D_{p,1} = 1E-8$

$M_1^{n+} + n_1 e^- \to M_1$ & $M_1 \to P_1$			
$C_{o,1}$ & $C_{o,2}$	1E3 & NA	T	303
C_1 & C_2	0 & NA	A	1E-4
n_1 & n_2	2 & NA	$D_{o,1}$ & $D_{o,2}$	1E-9 & NA
$E_1°$ & $E_2°$	-0.5 & NA	$D_{r,1}$ & $D_{r,2}$	1E-9 & NA
$k_{e,1}$ & $k_{e,2}$	1E-2 & NA	N	1
$k_{f,1}$ & $k_{b,1}$	5 & 2	$\alpha_{c,1}$ & $\alpha_{c,2}$	0.5 & NA
$C_{p,1}$ & $D_{p,1}$	0 & 1E-8	ν	1E-2

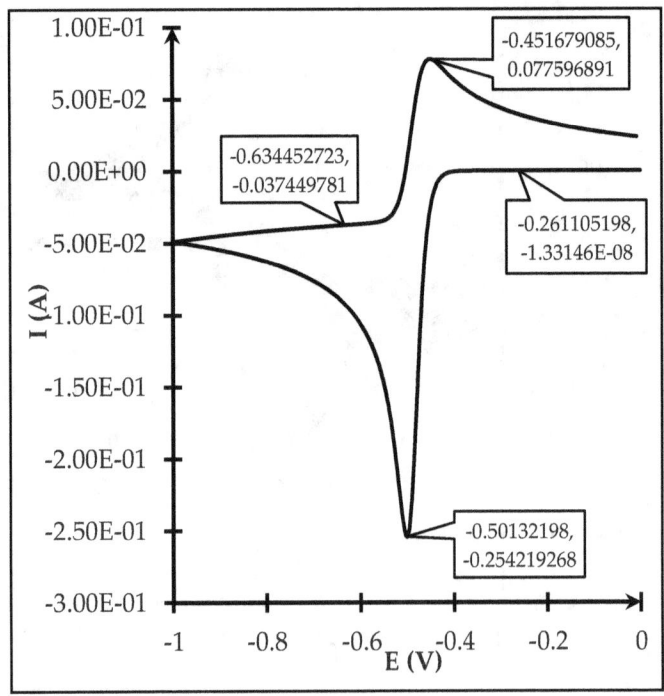

106. $E_{q,1}\, C_{i,1}$ at $D_{p,1} = 1E-9$

$M_1^{n+} + n_1e^- \rightarrow M_1$ & $M_1 \rightarrow P_1$			
$C_{o,1}$ & $C_{o,2}$	1E3 & NA	T	303
C_1 & C_2	0 & NA	A	1E-4
n_1 & n_2	2 & NA	$D_{o,1}$ & $D_{o,2}$	1E-9 & NA
$E_1°$ & $E_2°$	-0.5 & NA	$D_{r,1}$ & $D_{r,2}$	1E-9 & NA
$k_{e,1}$ & $k_{e,2}$	1E-2 & NA	N	1
$k_{f,1}$ & $k_{b,1}$	5 & 2	$\alpha_{c,1}$ & $\alpha_{c,2}$	0.5 & NA
$C_{p,1}$ & $D_{p,1}$	0 & 1E-9	ν	1E-2

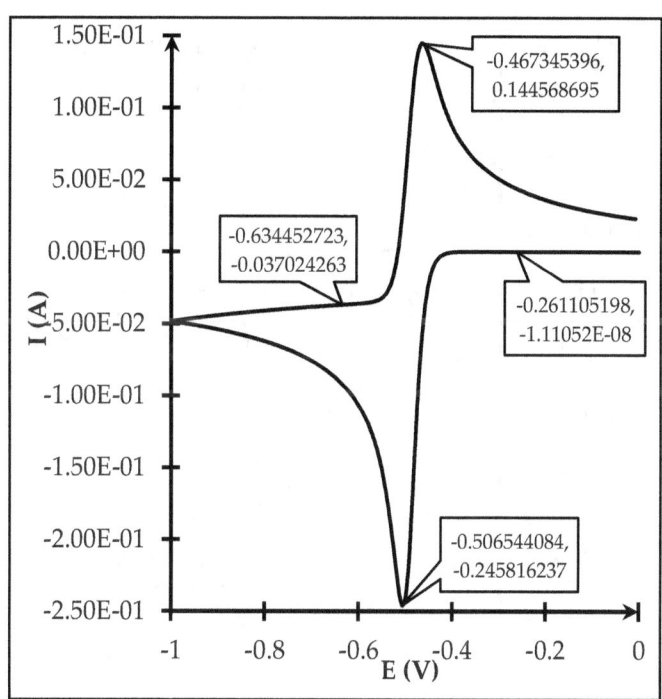

107. $E_{q,1}\,C_{i,1}$ at $D_{p,1}=1E-10$

$M_1^{n+} + n_1e^- \rightarrow M_1$ & $M_1 \rightarrow P_1$			
$C_{o,1}$ & $C_{o,2}$	1E3 & NA	T	303
C_1 & C_2	0 & NA	A	1E-4
n_1 & n_2	2 & NA	$D_{o,1}$ & $D_{o,2}$	1E-9 & NA
$E_1°$ & $E_2°$	-0.5 & NA	$D_{r,1}$ & $D_{r,2}$	1E-9 & NA
$k_{e,1}$ & $k_{e,2}$	1E-2 & NA	N	1
$k_{f,1}$ & $k_{b,1}$	5 & 2	$\alpha_{c,1}$ & $\alpha_{c,2}$	0.5 & NA
$C_{p,1}$ & $D_{p,1}$	0 & 1E-10	ν	1E-2

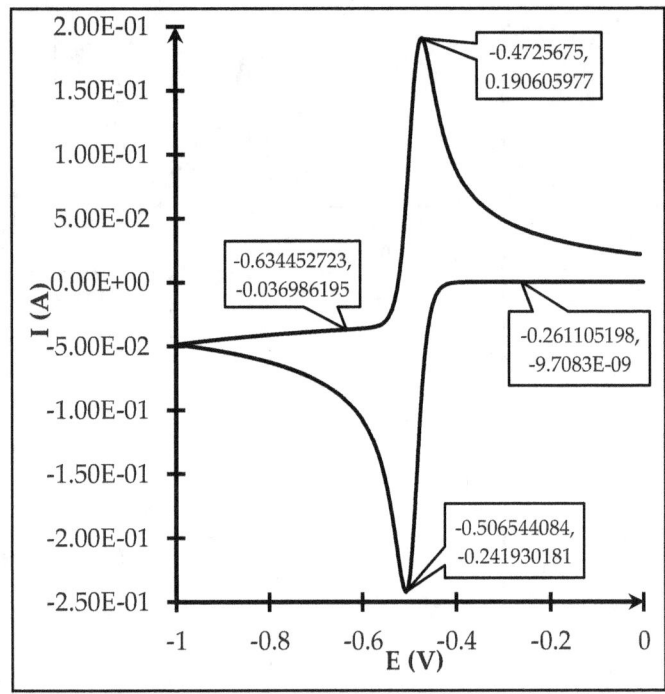

108. $E_{q,1} C_{i,1}$ at variations in $D_{p,1}$

$M_1^{n+} + n_1e^- \rightarrow M_1$ & $M_1 \rightarrow P_1$			
$C_{o,1}$ & $C_{o,2}$	1E3 & NA	T	303
C_1 & C_2	0 & NA	A	1E-4
n_1 & n_2	2 & NA	$D_{o,1}$ & $D_{o,2}$	1E-9 & NA
$E_1°$ & $E_2°$	-0.5 & NA	$D_{r,1}$ & $D_{r,2}$	1E-9 & NA
$k_{e,1}$ & $C_{p,1}$	1E-2 & 0	N	1
$k_{f,1}$ & $k_{b,1}$	5 & 2	$\alpha_{c,1}$ & $\alpha_{c,2}$	0.5 & NA
$C_{p,1}$ & $D_{p,1}$	1E-8, 1E-9, 1E-10	ν	1E-2

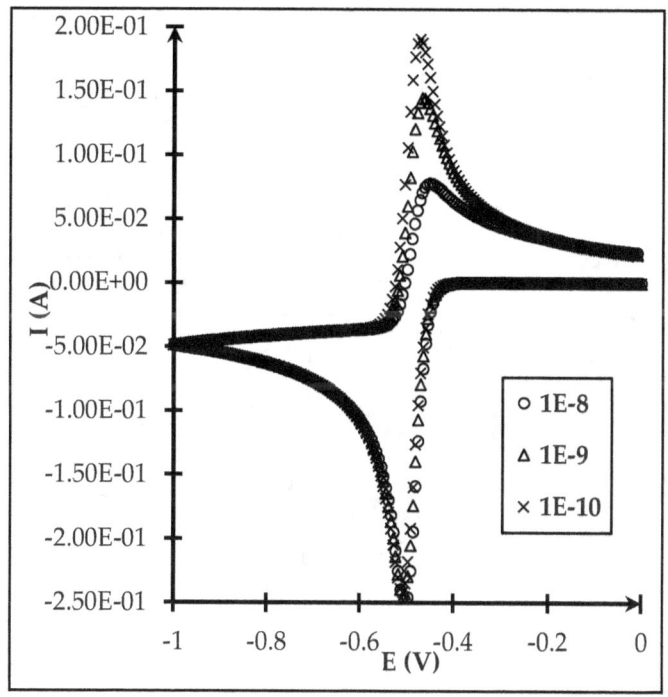

109. $E_{q,2} C_{i,1}$ at $E_2° = -0.4$

$M_1^{n+} + n_1e^- \to M_1$; $M_2^{n+} + n_2e^- \to M_2$ & $M_2 \to P_2$			
$C_{o,1}$ & $C_{o,2}$	1E3 & 1E3	T	303
C_1 & C_2	0 & 0	A	1E-4
n_1 & n_2	2 & 1	$D_{o,1}$ & $D_{o,2}$	1E-9 & 1E-9
$E_1°$ & $E_2°$	-0.5 & -0.4	$D_{r,1}$ & $D_{r,2}$	1E-9 & 1E-9
$k_{e,1}$ & $k_{e,2}$	1E-2 & 1E-2	N	1
$k_{f,2}$ & $k_{b,2}$	5 & 2	$\alpha_{c,1}$ & $\alpha_{c,2}$	0.5 & 0.5
$C_{p,2}$ & $D_{p,2}$	0 & 1E-9	ν	1E-2

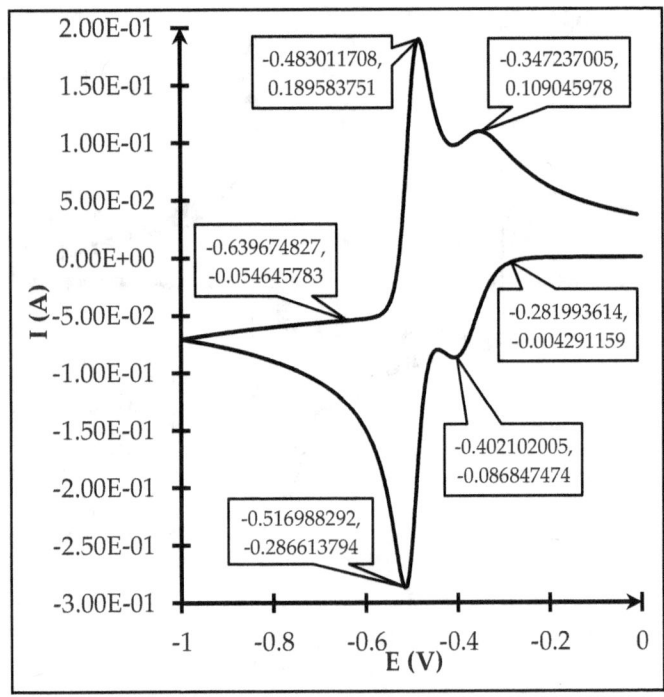

110. $E_{q,2} C_{i,1}$ at $E_2° = -0.6$

$M_1^{n+} + n_1e^- \to M_1$; $M_2^{n+} + n_2e^- \to M_2$ & $M_2 \to P_2$			
$C_{o,1}$ & $C_{o,2}$	1E3 & 1E3	T	303
C_1 & C_2	0 & 0	A	1E-4
n_1 & n_2	2 & 1	$D_{o,1}$ & $D_{o,2}$	1E-9 & 1E-9
$E_1°$ & $E_2°$	-0.5 & -0.6	$D_{r,1}$ & $D_{r,2}$	1E-9 & 1E-9
$k_{e,1}$ & $k_{e,2}$	1E-2 & 1E-2	N	1
$k_{f,2}$ & $k_{b,2}$	5 & 2	$\alpha_{c,1}$ & $\alpha_{c,2}$	0.5 & 0.5
$C_{p,2}$ & $D_{p,2}$	0 & 1E-9	ν	1E-2

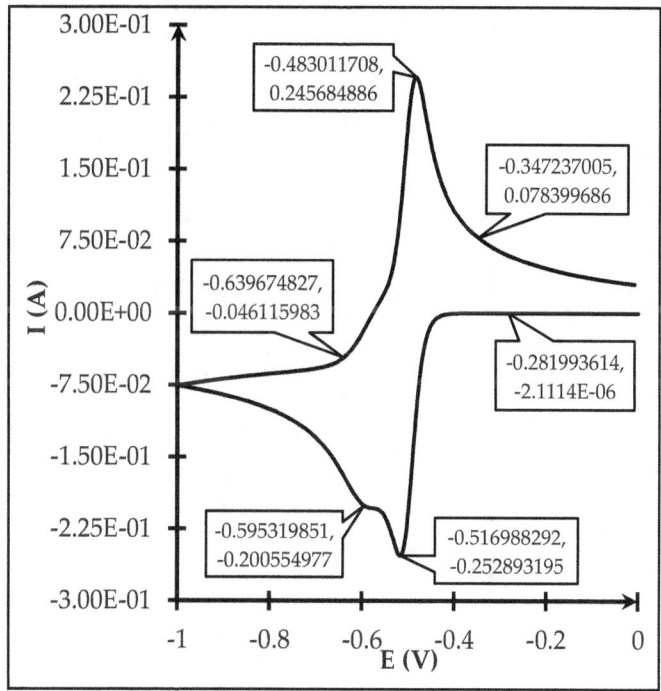

111. $E_{q,2} C_{i,1}$ at $n_2 = 3$

$M_1^{n+} + n_1e^- \to M_1$; $M_2^{n+} + n_2e^- \to M_2$ & $M_2 \to P_2$			
$C_{o,1}$ & $C_{o,2}$	1E3 & 1E3	T	303
C_1 & C_2	0 & 0	A	1E-4
n_1 & n_2	2 & 3	$D_{o,1}$ & $D_{o,2}$	1E-9 & 1E-9
$E_1°$ & $E_2°$	-0.5 & -0.4	$D_{r,1}$ & $D_{r,2}$	1E-9 & 1E-9
$k_{e,1}$ & $k_{e,2}$	1E-2 & 1E-2	N	1
$k_{f,2}$ & $k_{b,2}$	5 & 2	$\alpha_{c,1}$ & $\alpha_{c,2}$	0.5 & 0.5
$C_{p,2}$ & $D_{p,2}$	0 & 1E-9	ν	1E-2

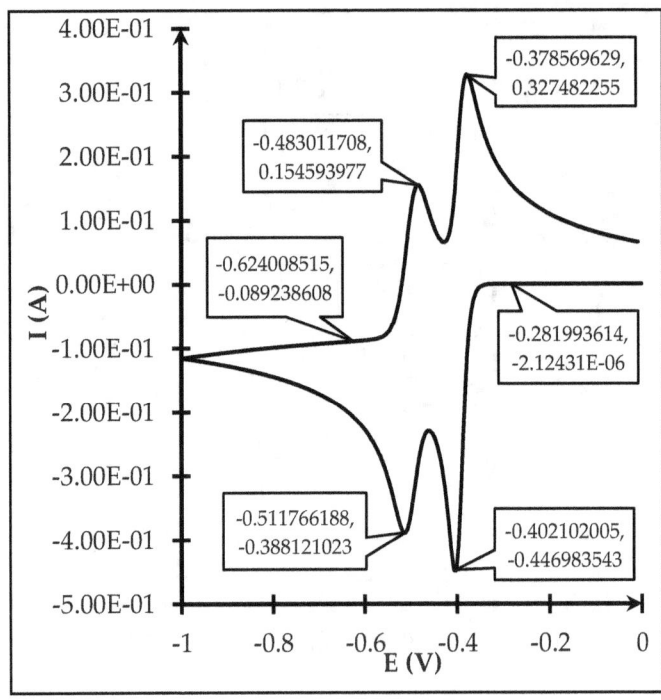

112. $E_{q,2} C_{i,1}$ at N = 1E2

$M_1^{n+} + n_1e^- \rightarrow M_1$; $M_2^{n+} + n_2e^- \rightarrow M_2$ & $M_2 \rightarrow P_2$			
$C_{o,1}$ & $C_{o,2}$	1E3 & 1E3	T	303
C_1 & C_2	0 & 0	A	1E-4
n_1 & n_2	2 & 3	$D_{o,1}$ & $D_{o,2}$	1E-9 & 1E-9
$E_1°$ & $E_2°$	-0.5 & -0.4	$D_{r,1}$ & $D_{r,2}$	1E-9 & 1E-9
$k_{e,1}$ & $k_{e,2}$	1E-2 & 1E-2	N	1E2
$k_{f,2}$ & $k_{b,2}$	5 & 2	$\alpha_{c,1}$ & $\alpha_{c,2}$	0.5 & 0.5
$C_{p,2}$ & $D_{p,2}$	0 & 1E-9	ν	1E-2

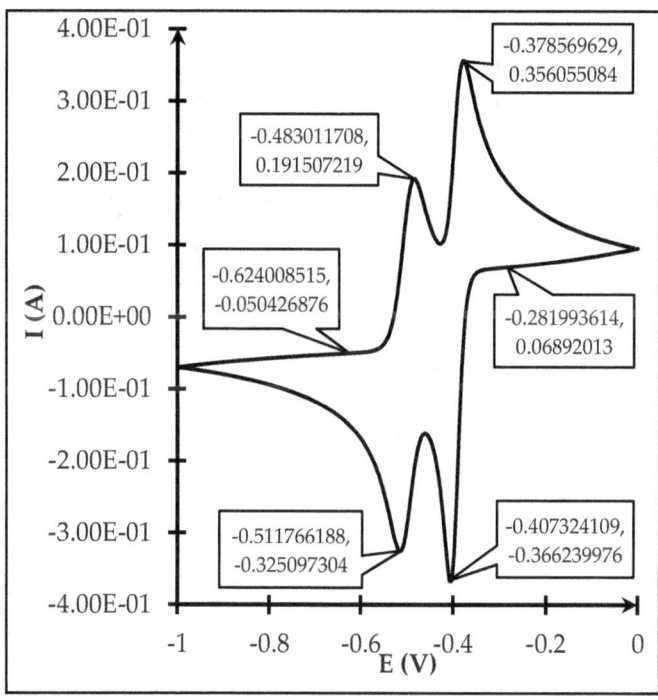

113. $E_{q,2}\,C_{i,1}$ at variations in N

$M_1^{n+} + n_1e^- \to M_1$; $M_2^{n+} + n_2e^- \to M_2$ & $M_2 \to P_2$			
$C_{o,1}$ & $C_{o,2}$	1E3 & 1E3	T	303
C_1 & C_2	0 & 0	A	1E-4
n_1 & n_2	2 & 3	$D_{o,1}$ & $D_{o,2}$	1E-9 & 1E-9
$E_1°$ & $E_2°$	-0.5 & -0.4	$D_{r,1}$ & $D_{r,2}$	1E-9 & 1E-9
$k_{e,1}$ & $k_{e,2}$	1E-2 & 1E-2	N	1, 1E2
$k_{f,2}$ & $k_{b,2}$	5 & 2	$\alpha_{c,1}$ & $\alpha_{c,2}$	0.5 & 0.5
$C_{p,2}$ & $D_{p,2}$	0 & 1E-9	ν	1E-2

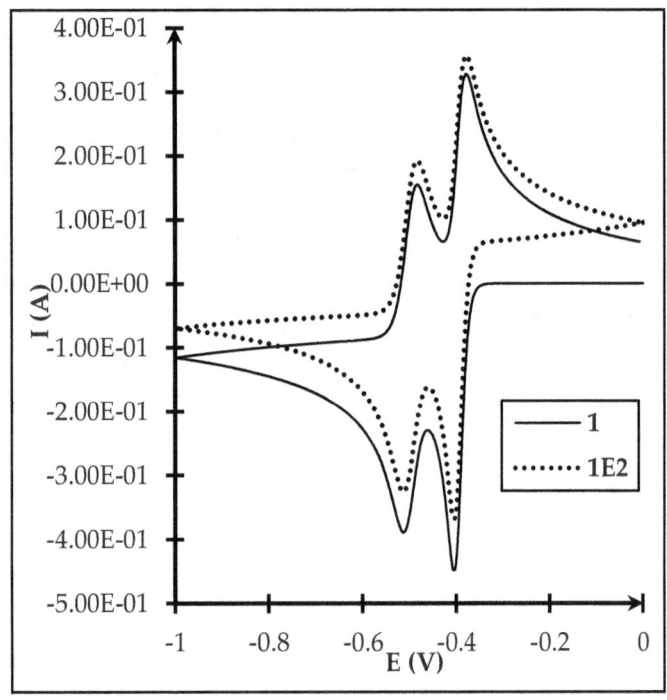

114. $E_{q,2} C_{i,1}$ at T = 293

$M_1^{n+} + n_1e^- \rightarrow M_1$; $M_2^{n+} + n_2e^- \rightarrow M_2$ & $M_2 \rightarrow P_2$			
$C_{o,1}$ & $C_{o,2}$	1E3 & 1E3	T	293
C_1 & C_2	0 & 0	A	1E-4
n_1 & n_2	2 & 3	$D_{o,1}$ & $D_{o,2}$	1E-9 & 1E-9
$E_1°$ & $E_2°$	-0.5 & -0.4	$D_{r,1}$ & $D_{r,2}$	1E-9 & 1E-9
$k_{e,1}$ & $k_{e,2}$	1E-2 & 1E-2	N	1E2
$k_{f,2}$ & $k_{b,2}$	20 & 1	$\alpha_{c,1}$ & $\alpha_{c,2}$	0.5 & 0.5
$C_{p,2}$ & $D_{p,2}$	0 & 1E-9	ν	1E-2

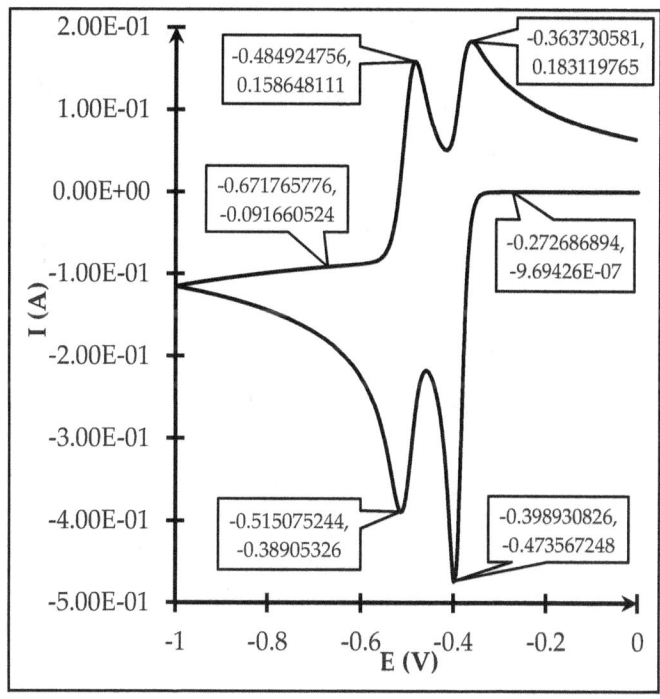

115. $E_{q,2} C_{i,1}$ at T = 323

$M_1^{n+} + n_1 e^- \to M_1$; $M_2^{n+} + n_2 e^- \to M_2$ & $M_2 \to P_2$			
$C_{o,1}$ & $C_{o,2}$	1E3 & 1E3	T	323
C_1 & C_2	0 & 0	A	1E-4
n_1 & n_2	2 & 3	$D_{o,1}$ & $D_{o,2}$	1E-9 & 1E-9
$E_1°$ & $E_2°$	-0.5 & -0.4	$D_{r,1}$ & $D_{r,2}$	1E-9 & 1E-9
$k_{e,1}$ & $k_{e,2}$	1E-2 & 1E-2	N	1E2
$k_{f,2}$ & $k_{b,2}$	20 & 1	$\alpha_{c,1}$ & $\alpha_{c,2}$	0.5 & 0.5
$C_{p,2}$ & $D_{p,2}$	0 & 1E-9	ν	1E-2

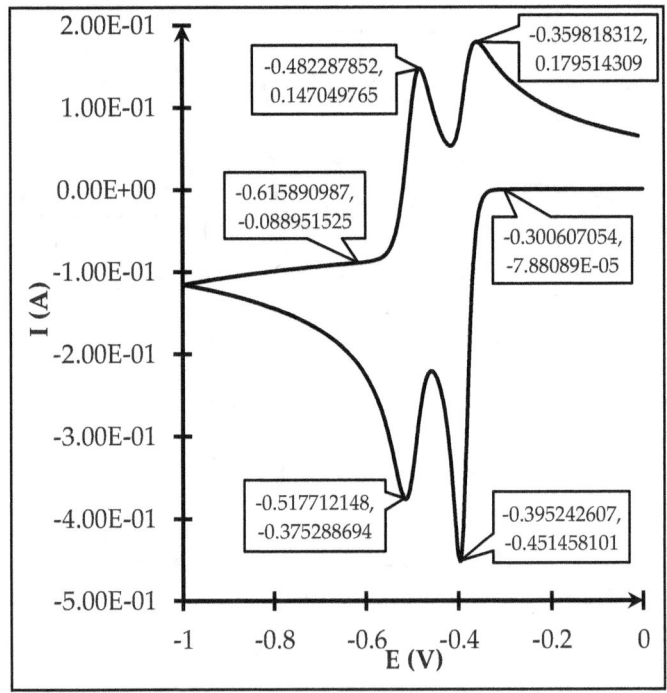

116. $E_{q,2} C_{i,1}$ at variations in T

$M_1^{n+} + n_1 e^- \rightarrow M_1$; $M_2^{n+} + n_2 e^- \rightarrow M_2$ & $M_2 \rightarrow P_2$

$C_{o,1}$ & $C_{o,2}$	1E3 & 1E3	T	293, 323
C_1 & C_2	0 & 0	A	1E-4
n_1 & n_2	2 & 3	$D_{o,1}$ & $D_{o,2}$	1E-9 & 1E-9
$E_1°$ & $E_2°$	-0.5 & -0.4	$D_{r,1}$ & $D_{r,2}$	1E-9 & 1E-9
$k_{e,1}$ & $k_{e,2}$	1E-2 & 1E-2	N	1E2
$k_{f,2}$ & $k_{b,2}$	20 & 1	$\alpha_{c,1}$ & $\alpha_{c,2}$	0.5 & 0.5
$C_{p,2}$ & $D_{p,2}$	0 & 1E-9	ν	1E-2

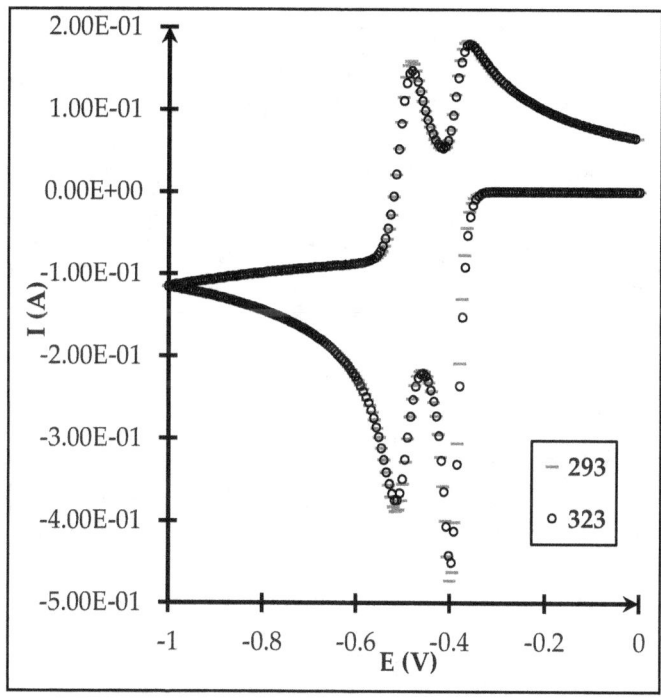

117. $E_{q,2} C_{i,1}$ at $D_{p,2} = 1E-5$

$M_1^{n+} + n_1e^- \to M_1$; $M_2^{n+} + n_2e^- \to M_2$ & $M_2 \to P_2$			
$C_{o,1}$ & $C_{o,2}$	1E3 & 1E3	T	303
C_1 & C_2	0 & 0	A	1E-4
n_1 & n_2	2 & 3	$D_{o,1}$ & $D_{o,2}$	1E-9 & 1E-9
$E_1°$ & $E_2°$	-0.5 & -0.4	$D_{r,1}$ & $D_{r,2}$	1E-9 & 1E-9
$k_{e,1}$ & $k_{e,2}$	1E-2 & 1E-2	N	1
$k_{f,2}$ & $k_{b,2}$	20 & 1	$\alpha_{c,1}$ & $\alpha_{c,2}$	0.5 & 0.5
$C_{p,2}$ & $D_{p,2}$	0 & 1E-5	ν	1E-2

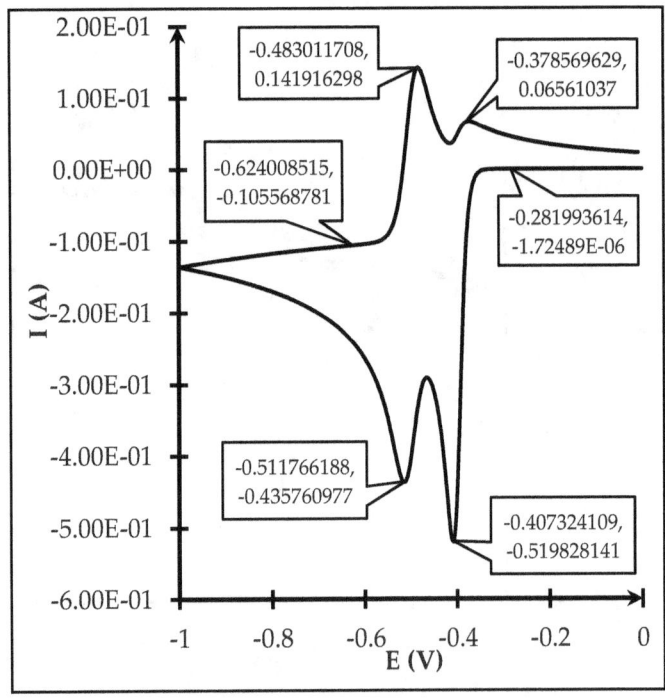

118. $E_{q,2}\,C_{i,1}$ at $D_{p,2}$ = 1E-9

$M_1^{n+} + n_1e^- \to M_1$; $M_2^{n+} + n_2e^- \to M_2$ & $M_2 \to P_2$			
$C_{o,1}$ & $C_{o,2}$	1E3 & 1E3	T	303
C_1 & C_2	0 & 0	A	1E-4
n_1 & n_2	2 & 3	$D_{o,1}$ & $D_{o,2}$	1E-9 & 1E-9
$E_1°$ & $E_2°$	-0.5 & -0.4	$D_{r,1}$ & $D_{r,2}$	1E-9 & 1E-9
$k_{e,1}$ & $k_{e,2}$	1E-2 & 1E-2	N	1
$k_{f,2}$ & $k_{b,2}$	20 & 1	$\alpha_{c,1}$ & $\alpha_{c,2}$	0.5 & 0.5
$C_{p,2}$ & $D_{p,2}$	0 & 1E-9	ν	1E-2

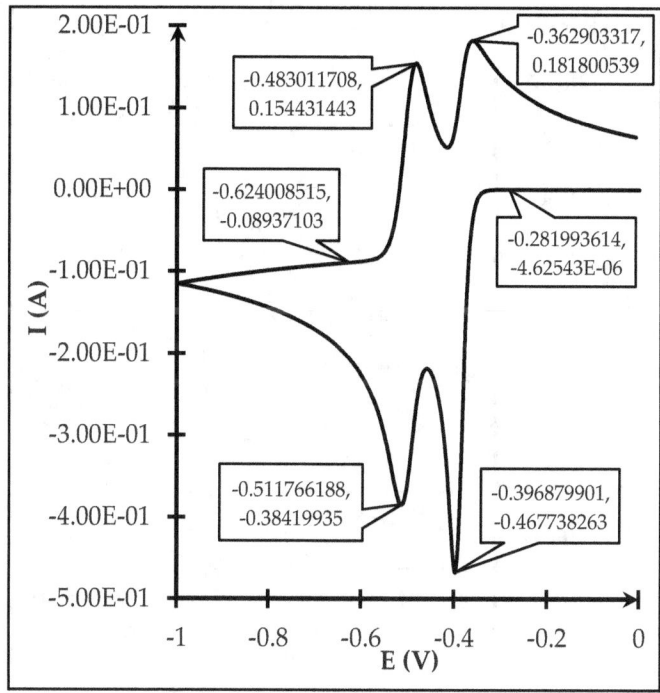

119. $E_{q,2} C_{i,1}$ at $D_{p,2}$ = 1E-13

$M_1^{n+} + n_1e^- \to M_1$; $M_2^{n+} + n_2e^- \to M_2$ & $M_2 \to P_2$			
$C_{o,1}$ & $C_{o,2}$	1E3 & 1E3	T	303
C_1 & C_2	0 & 0	A	1E-4
n_1 & n_2	2 & 3	$D_{o,1}$ & $D_{o,2}$	1E-9 & 1E-9
$E_1°$ & $E_2°$	-0.5 & -0.4	$D_{r,1}$ & $D_{r,2}$	1E-9 & 1E-9
$k_{e,1}$ & $k_{e,2}$	1E-2 & 1E-2	N	1
$k_{f,2}$ & $k_{b,2}$	20 & 1	$\alpha_{c,1}$ & $\alpha_{c,2}$	0.5 & 0.5
$C_{p,2}$ & $D_{p,2}$	0 & 1E-13	ν	1E-2

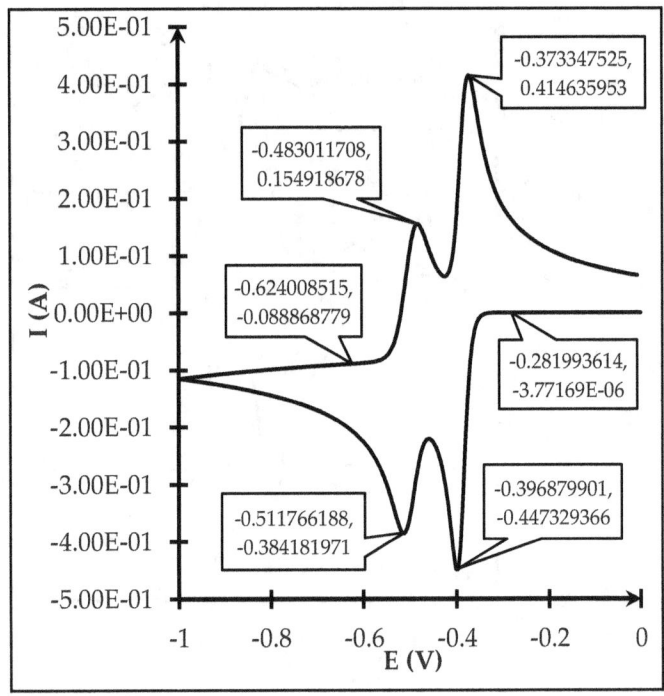

120. $E_{q,2}C_{i,1}$ at variations in $D_{p,2}$

$M_1^{n+} + n_1e^- \to M_1$; $M_2^{n+} + n_2e^- \to M_2$ & $M_2 \to P_2$			
$C_{o,1}$ & $C_{o,2}$	1E3 & 1E3	T	303
C_1 & C_2	0 & 0	A	1E-4
n_1 & n_2	2 & 3	$D_{o,1}$ & $D_{o,2}$	1E-9 & 1E-9
E_1° & E_2°	-0.5 & -0.4	$D_{r,1}$ & $D_{r,2}$	1E-9 & 1E-9
$k_{e,1}$ & $k_{e,2}$	1E-2 & 1E-2	N & ν	1 & 1E-2
$k_{f,2}$ & $k_{b,2}$	20 & 1	$\alpha_{c,1}$ & $\alpha_{c,2}$	0.5 & 0.5
$C_{p,2}$	0	$D_{p,2}$	1E-5, 1E-9, 1E-13

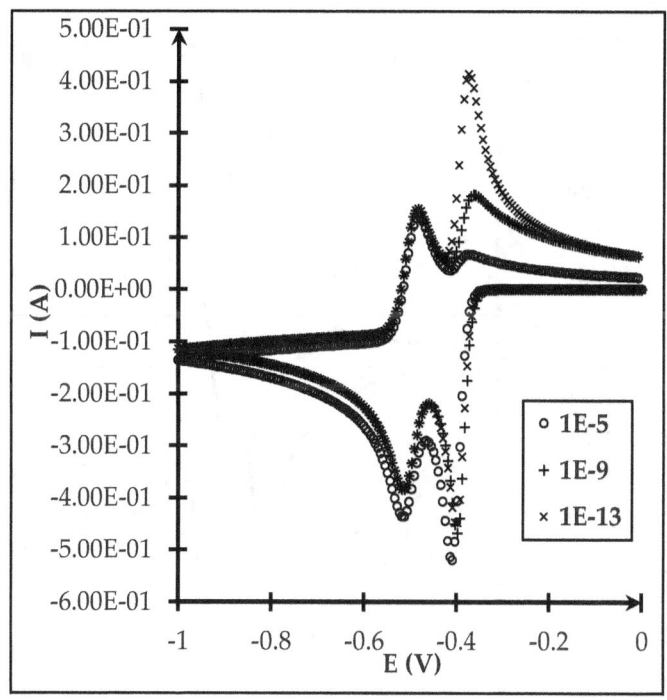

121. $E_{q,2} C_{i,1}$ at $C_{p,1} = 0$

$M_1^{n+} + n_1e^- \to M_1$; $M_2^{n+} + n_2e^- \to M_2$ & $M_1 \to P_1$			
$C_{o,1}$ & $C_{o,2}$	1E3 & 1E3	T	303
C_1 & C_2	0 & 0	A	1E-4
n_1 & n_2	2 & 2	$D_{o,1}$ & $D_{o,2}$	1E-9 & 1E-9
$E_1°$ & $E_2°$	-0.5 & -0.4	$D_{r,1}$ & $D_{r,2}$	1E-9 & 1E-9
$k_{e,1}$ & $k_{e,2}$	1E-2 & 1E-2	N	1
$k_{f,1}$ & $k_{b,1}$	10 & 1	$\alpha_{c,1}$ & $\alpha_{c,2}$	0.5 & 0.5
$C_{p,1}$ & $D_{p,1}$	0 & 1E-9	ν	1E-2

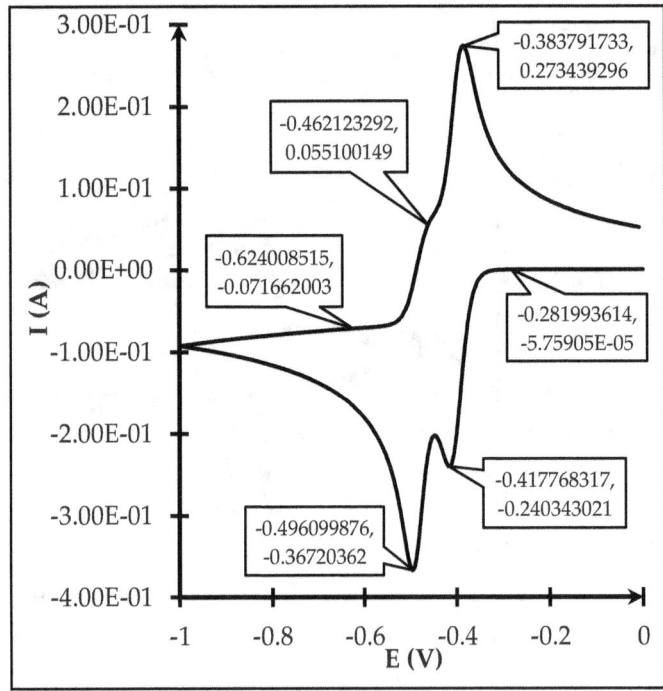

122. $E_{q,2} C_{i,1}$ at $C_{p,1}$ = 1E2

$M_1^{n+} + n_1e^- \to M_1$; $M_2^{n+} + n_2e^- \to M_2$ & $M_1 \to P_1$			
$C_{o,1}$ & $C_{o,2}$	1E3 & 1E3	T	303
C_1 & C_2	0 & 0	A	1E-4
n_1 & n_2	2 & 2	$D_{o,1}$ & $D_{o,2}$	1E-9 & 1E-9
$E_1°$ & $E_2°$	-0.5 & -0.4	$D_{r,1}$ & $D_{r,2}$	1E-9 & 1E-9
$k_{e,1}$ & $k_{e,2}$	1E-2 & 1E-2	N	1
$k_{f,1}$ & $k_{b,1}$	10 & 1	$\alpha_{c,1}$ & $\alpha_{c,2}$	0.5 & 0.5
$C_{p,1}$ & $D_{p,1}$	1E2 & 1E-9	ν	1E-2

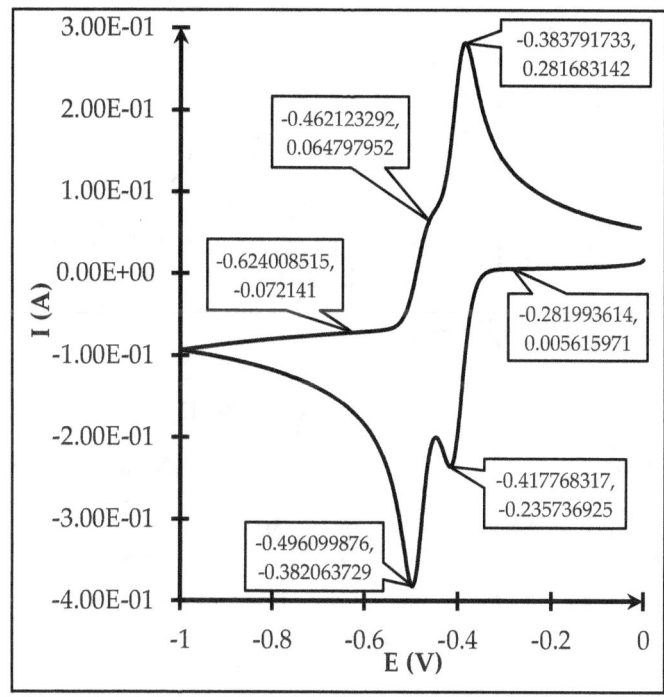

123. $E_{q,2}\, C_{i,1}$ at $C_{p,1}$ & $D_{p,1}$ = 1E2 & 1E-5

$M_1^{n+} + n_1 e^- \rightarrow M_1;\ M_2^{n+} + n_2 e^- \rightarrow M_2\ \&\ M_1 \rightarrow P_1$			
$C_{o,1}$ & $C_{o,2}$	1E3 & 1E3	T	303
C_1 & C_2	0 & 0	A	1E-4
n_1 & n_2	2 & 2	$D_{o,1}$ & $D_{o,2}$	1E-9 & 1E-9
$E_1°$ & $E_2°$	-0.5 & -0.4	$D_{r,1}$ & $D_{r,2}$	1E-9 & 1E-9
$k_{e,1}$ & $k_{e,2}$	1E-2 & 1E-2	N	1
$k_{f,1}$ & $k_{b,1}$	10 & 1	$\alpha_{c,1}$ & $\alpha_{c,2}$	0.5 & 0.5
$C_{p,1}$ & $D_{p,1}$	1E2 & 1E-5	ν	1E-2

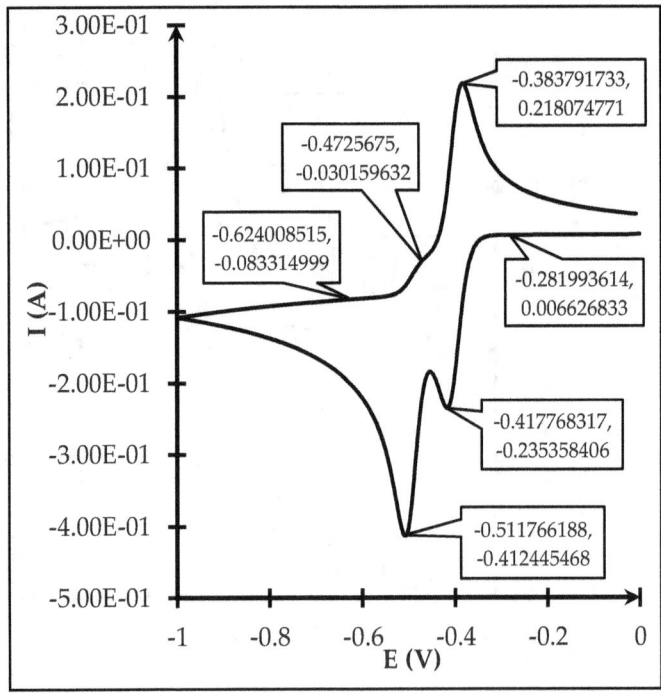

124. $E_{q,2} C_{i,1}$ at $C_1 = 0$ & $C_{p,1} = 1E1$

$M_1^{n+} + n_1e^- \rightarrow M_1$; $M_2^{n+} + n_2e^- \rightarrow M_2$ & $M_1 \rightarrow P_1$			
$C_{o,1}$ & $C_{o,2}$	1E3 & 1E3	T	303
C_1 & C_2	0 & 0	A	1E-4
n_1 & n_2	2 & 2	$D_{o,1}$ & $D_{o,2}$	1E-9 & 1E-9
$E_1°$ & $E_2°$	-0.6 & -0.4	$D_{r,1}$ & $D_{r,2}$	1E-9 & 1E-9
$k_{e,1}$ & $k_{e,2}$	1E-2 & 1E-2	N	1
$k_{f,1}$ & $k_{b,1}$	20 & 1	$\alpha_{c,1}$ & $\alpha_{c,2}$	0.5 & 0.5
$C_{p,1}$ & $D_{p,1}$	1E1 & 1E-9	ν	1E-2

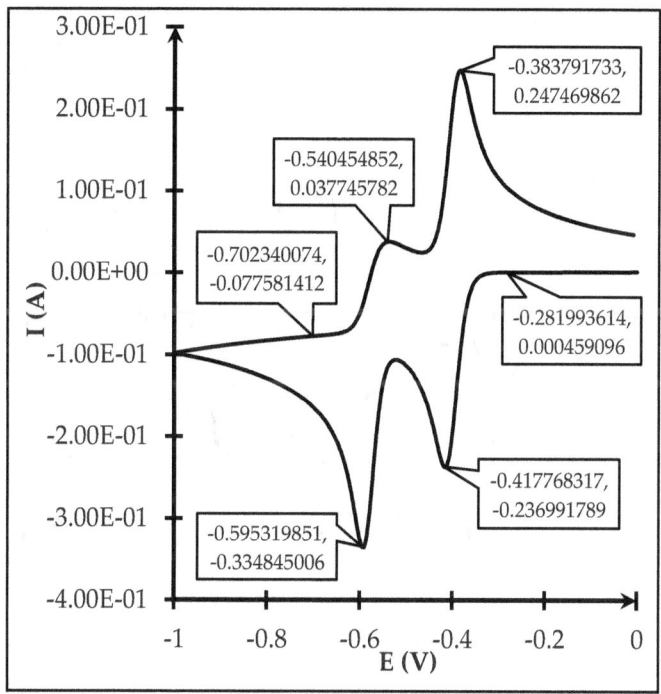

125. $E_{q,2} C_{i,1}$ at $C_1 = 1E1$ & $C_{p,1} = 1E1$

$M_1^{n+} + n_1e^- \to M_1$; $M_2^{n+} + n_2e^- \to M_2$ & $M_1 \to P_1$			
$C_{o,1}$ & $C_{o,2}$	1E3 & 1E3	T	303
C_1 & C_2	1E1 & 0	A	1E-4
n_1 & n_2	2 & 2	$D_{o,1}$ & $D_{o,2}$	1E-9 & 1E-9
$E_1°$ & $E_2°$	-0.6 & -0.4	$D_{r,1}$ & $D_{r,2}$	1E-9 & 1E-9
$k_{e,1}$ & $k_{e,2}$	1E-2 & 1E-2	N	1
$k_{f,1}$ & $k_{b,1}$	20 & 1	$\alpha_{c,1}$ & $\alpha_{c,2}$	0.5 & 0.5
$C_{p,1}$ & $D_{p,1}$	1E1 & 1E-9	ν	1E-2

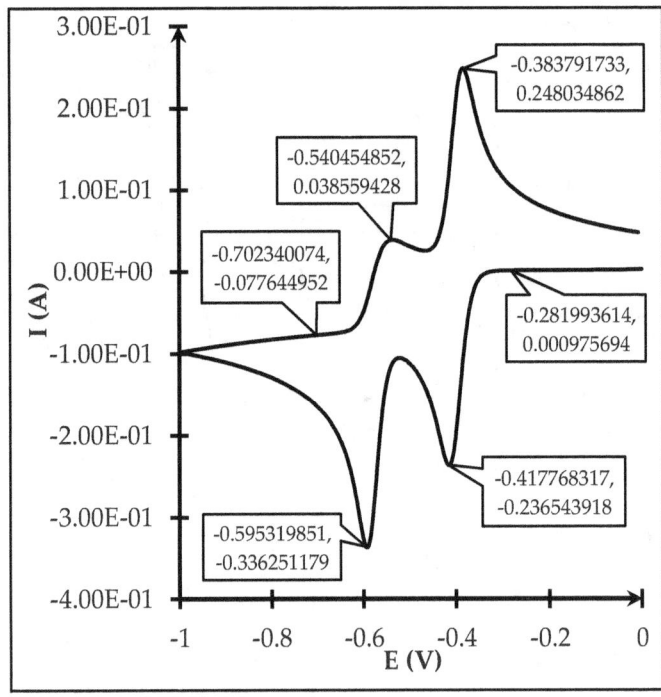

126. $E_{q,2} C_{i,1}$ at $C_1 = 1E1$ & $C_{p,1} = 0$

$M_1^{n+} + n_1 e^- \to M_1$; $M_2^{n+} + n_2 e^- \to M_2$ & $M_1 \to P_1$			
$C_{o,1}$ & $C_{o,2}$	1E3 & 1E3	T	303
C_1 & C_2	1E1 & 0	A	1E-4
n_1 & n_2	2 & 2	$D_{o,1}$ & $D_{o,2}$	1E-9 & 1E-9
$E_1°$ & $E_2°$	-0.6 & -0.4	$D_{r,1}$ & $D_{r,2}$	1E-9 & 1E-9
$k_{e,1}$ & $k_{e,2}$	1E-2 & 1E-2	N	1
$k_{f,1}$ & $k_{b,1}$	20 & 1	$\alpha_{c,1}$ & $\alpha_{c,2}$	0.5 & 0.5
$C_{p,1}$ & $D_{p,1}$	0 & 1E-9	ν	1E-2

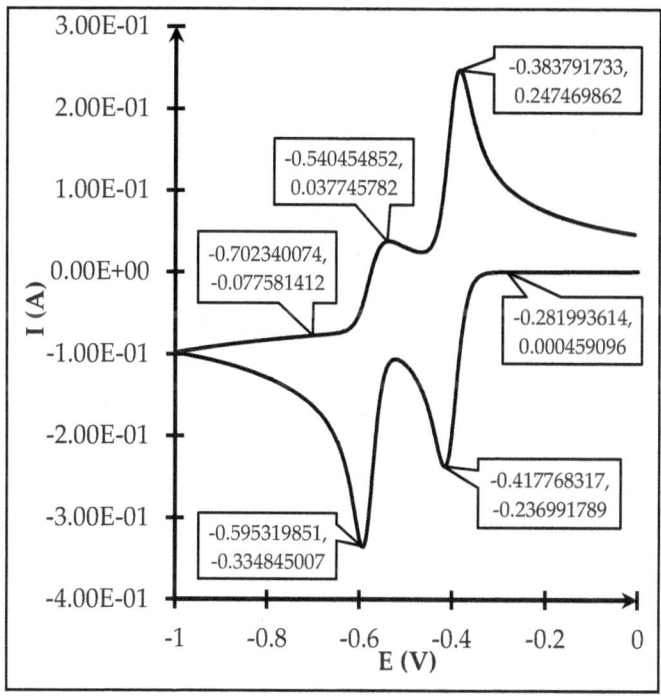

127. $E_{q,2} C_{i,2}$ at variations in v

$M_1^{n+} + n_1 e^- \to M_1$; $M_2^{n+} + n_2 e^- \to M_2$ & $M_1 \to P_1$			
$C_{o,1}$ & $C_{o,2}$	1E3 & 1E3	T	303
C_1 & C_2	0 & 0	A	1E-4
n_1 & n_2	2 & 2	$D_{o,1}$ & $D_{o,2}$	1E-9 & 1E-9
$E_1°$ & $E_2°$	-0.6 & -0.4	$D_{r,1}$ & $D_{r,2}$	1E-9 & 1E-9
$k_{e,1}$ & $k_{e,2}$	1E2 & 1E-2	N	1
$k_{f,1}$ & $k_{b,1}$	20 & 1	$\alpha_{c,1}$ & $\alpha_{c,2}$	0.5 & 0.5
$C_{p,1}$ & $D_{p,1}$	0 & 1E-9	v (E-2)	1, 25, 50, 75, 100

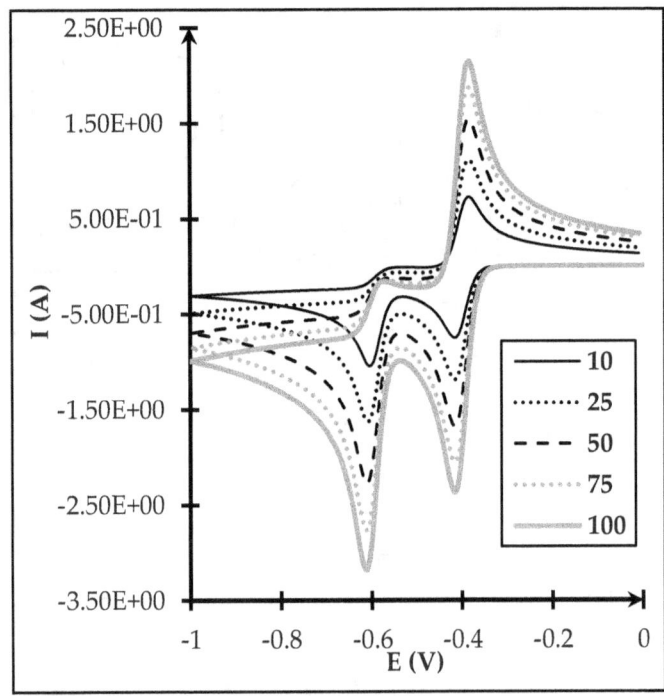

128. $E_{q,2} C_{i,2}$ at $k_{f,2} = 10$

$M_1^{n+} + n_1 e^- \to M_1$; $M_2^{n+} + n_2 e^- \to M_2$ & $M_1 = P_1$; $M_2 \to P_2$			
$C_{o,1}$ & $C_{o,2}$	1E3 & 1E3	T & A	303 & 1E-4
C_1 & C_2	0 & 0	N & ν	1 & 1E-2
n_1 & n_2	2 & 2	$\alpha_{c,1}$ & $\alpha_{c,2}$	0.5 & 0.5
$E_1°$ & $E_2°$	-0.6 & -0.4	$D_{o,1}$ & $D_{o,2}$	1E-9 & 1E-9
$k_{e,1}$ & $k_{e,2}$	1E-2 & 1E-2	$D_{r,1}$ & $D_{r,2}$	1E-9 & 1E-9
$k_{f,1}$ & $k_{b,1}$	1 & 1	$C_{p,1}$ & $D_{p,1}$	0 & 1E-9
$k_{f,2}$ & $k_{b,2}$	10 & 1	$C_{p,2}$ & $D_{p,2}$	0 & 1E-9

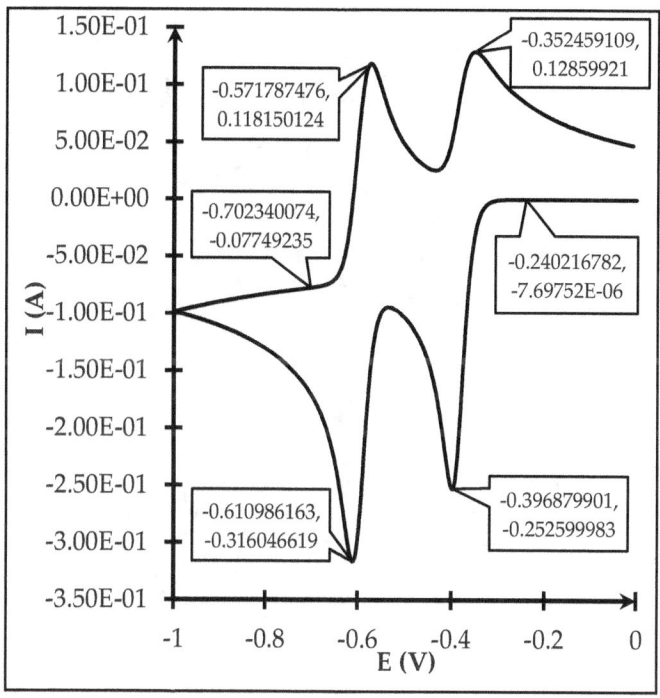

129. $E_{q,2} C_{i,2}$ at $k_{f,2} = 100$

$M_1^{n+} + n_1 e^- \to M_1$; $M_2^{n+} + n_2 e^- \to M_2$ & $M_1 = P_1$; $M_2 \to P_2$			
$C_{o,1}$ & $C_{o,2}$	1E3 & 1E3	T & A	303 & 1E-4
C_1 & C_2	0 & 0	N & ν	1 & 1E-2
n_1 & n_2	2 & 2	$\alpha_{c,1}$ & $\alpha_{c,2}$	0.5 & 0.5
E_1° & E_2°	-0.6 & -0.4	$D_{o,1}$ & $D_{o,2}$	1E-9 & 1E-9
$k_{e,1}$ & $k_{e,2}$	1E-2 & 1E-2	$D_{r,1}$ & $D_{r,2}$	1E-9 & 1E-9
$k_{f,1}$ & $k_{b,1}$	1 & 1	$C_{p,1}$ & $D_{p,1}$	0 & 1E-9
$k_{f,2}$ & $k_{b,2}$	100 & 1	$C_{p,2}$ & $D_{p,2}$	0 & 1E-9

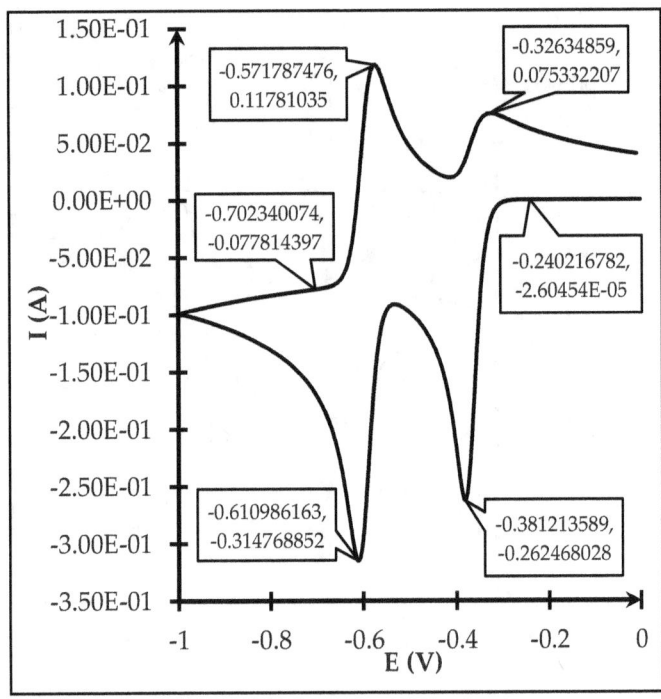

130. $E_{q,2} C_{i,2}$ at $k_{e,2} = 1E-11$

$M_1^{n+} + n_1 e^- \rightarrow M_1$; $M_2^{n+} + n_2 e^- \rightarrow M_2$ & $M_1 = P_1$; $M_2 \rightarrow P_2$			
$C_{o,1}$ & $C_{o,2}$	1E3 & 1E3	T & A	303 & 1E-4
C_1 & C_2	0 & 0	N & ν	1 & 1E-2
n_1 & n_2	2 & 2	$\alpha_{c,1}$ & $\alpha_{c,2}$	0.5 & 0.5
$E_1°$ & $E_2°$	-0.6 & -0.4	$D_{o,1}$ & $D_{o,2}$	1E-9 & 1E-9
$k_{e,1}$ & $k_{e,2}$	1E-2 & 1E-11	$D_{r,1}$ & $D_{r,2}$	1E-9 & 1E-9
$k_{f,1}$ & $k_{b,1}$	1 & 1	$C_{p,1}$ & $D_{p,1}$	0 & 1E-9
$k_{f,2}$ & $k_{b,2}$	100 & 1	$C_{p,2}$ & $D_{p,2}$	0 & 1E-9

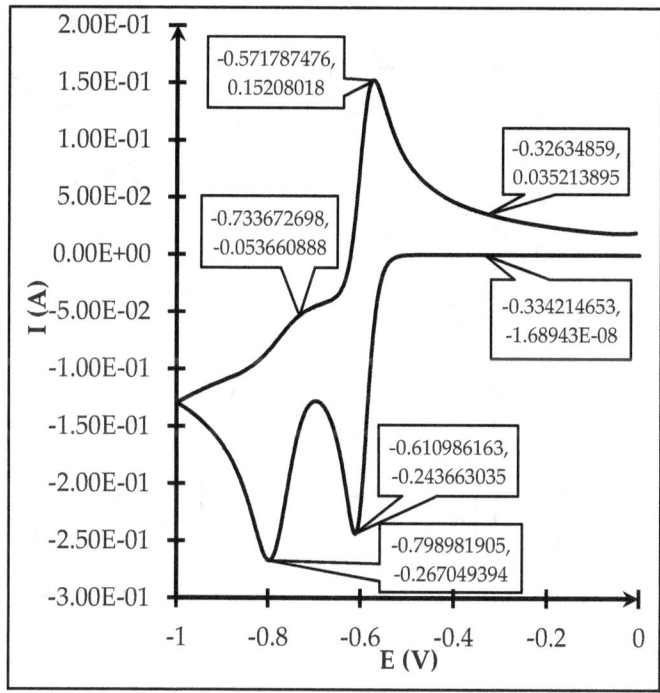

131. $E_{q,2} C_{i,2}$ at C_2 = 1E3

$M_1^{n+} + n_1e^- \to M_1$; $M_2^{n+} + n_2e^- \to M_2$ & $M_1 = P_1$; $M_2 \to P_2$			
$C_{o,1}$ & $C_{o,2}$	1E3 & 1E3	T & A	303 & 1E-4
C_1 & C_2	0 & 1E3	N & ν	1 & 1E-2
n_1 & n_2	2 & 2	$\alpha_{c,1}$ & $\alpha_{c,2}$	0.5 & 0.5
$E_1°$ & $E_2°$	-0.6 & -0.4	$D_{o,1}$ & $D_{o,2}$	1E-9 & 1E-9
$k_{e,1}$ & $k_{e,2}$	1E-2 & 1E-2	$D_{r,1}$ & $D_{r,2}$	1E-9 & 1E-9
$k_{f,1}$ & $k_{b,1}$	1 & 1	$C_{p,1}$ & $D_{p,1}$	0 & 1E-9
$k_{f,2}$ & $k_{b,2}$	100 & 1	$C_{p,2}$ & $D_{p,2}$	0 & 1E-9

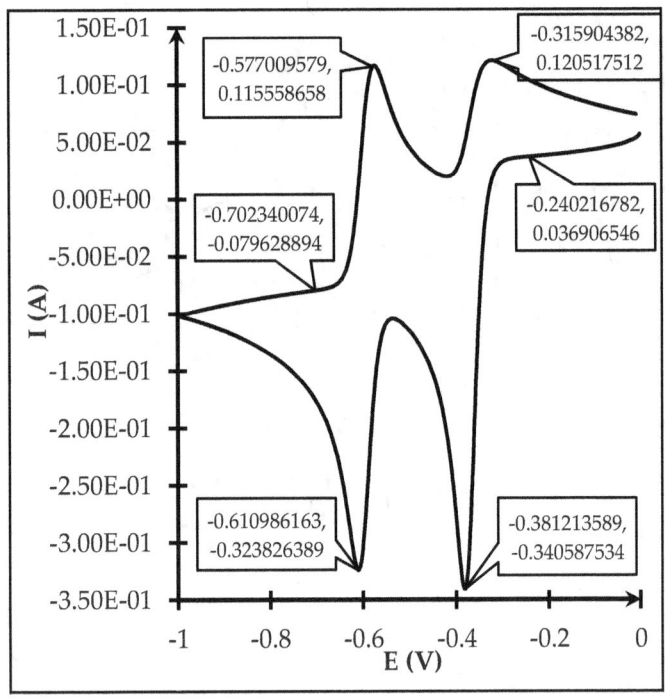

132. $E_{q,2} C_{i,2}$ at $C_{p,2} = 1E3$

$M_1^{n+} + n_1e^- \to M_1$; $M_2^{n+} + n_2e^- \to M_2$ & $M_1 = P_1$; $M_2 \to P_2$			
$C_{o,1}$ & $C_{o,2}$	1E3 & 1E3	T & A	303 & 1E-4
C_1 & C_2	0 & 0	N & ν	1 & 1E-2
n_1 & n_2	2 & 2	$\alpha_{c,1}$ & $\alpha_{c,2}$	0.5 & 0.5
$E_1°$ & $E_2°$	-0.6 & -0.4	$D_{o,1}$ & $D_{o,2}$	1E-9 & 1E-9
$k_{e,1}$ & $k_{e,2}$	1E-2 & 1E-2	$D_{r,1}$ & $D_{r,2}$	1E-9 & 1E-9
$k_{f,1}$ & $k_{b,1}$	1 & 1	$C_{p,1}$ & $D_{p,1}$	0 & 1E-9
$k_{f,2}$ & $k_{b,2}$	1 & 100	$C_{p,2}$ & $D_{p,2}$	1E3 & 1E-9

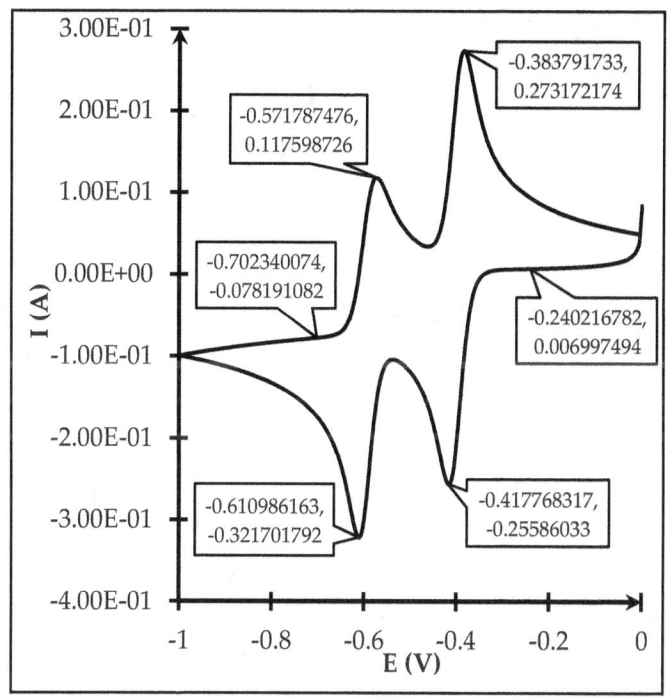

133. $E_{q,2}C_{i,1}$ at variations in $D_{r,2}$

$M_1^{n+} + n_1e^- \rightarrow M_1$; $M_2^{n+} + n_2e^- \rightarrow M_2$ & $M_2 \rightarrow P_2$			
$C_{o,1}$ & $C_{o,2}$	1E3 & 1E3	T & A	303 & 1E-4
C_1 & C_2	0 & 0	N & ν	1 & 1E-2
n_1 & n_2	2 & 2	$\alpha_{c,1}$ & $\alpha_{c,2}$	0.5 & 0.5
$E_1°$ & $E_2°$	-0.6 & -0.4	$D_{o,1}$ & $D_{o,2}$	1E-9 & 1E-9
$k_{e,1}$ & $k_{e,2}$	1E-2 & 1E-2	$D_{r,1}$	1E-9
$k_{f,1}$ & $k_{b,1}$	NA & NA	$D_{r,2}$	1E-15 & 1E-5
$k_{f,2}$ & $k_{b,2}$	100 & 1	$C_{p,2}$ & $D_{p,2}$	0 & 1E-9

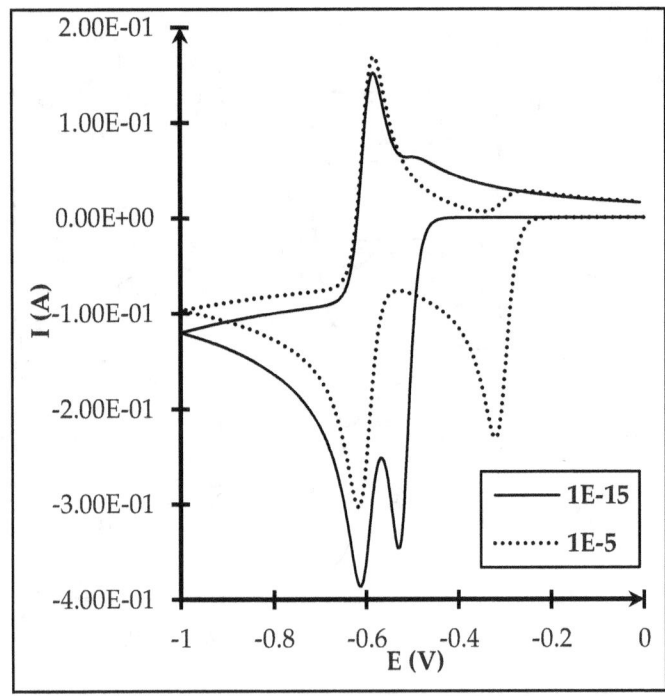

Index

A

anodic current density	ii
anodic oxidation	ii
Anson equation	v

B

Butler-Volmer equation	ii

C

capacitive current	1
cathodic current density	ii
cathodic reduction	ii
Cottrell equation	iv

E

E_1 at variations in $k_{e,1}$	61
E_2 at $C_{o,1} = 0$ & $C_1 = 1E3$	83
E_2 at $C_{o,2} = 0$ & $C_2 = 1E3$	84
E_2 at $C_{o,2} = 0.5E3$	44
E_2 at $C_{o,2} = 1.5E3$	46
E_2 at $C_{o,2} = 1E3$	45
E_2 at $D_{o,2} = 0.5E-9$	52
E_2 at $D_{o,2} = 1E-9$	53
E_2 at $D_{o,2} = 2E-9$	54
E_2 at $D_{r,2} = 0.5E-9$	57
E_2 at $D_{r,2} = 1E-9$	58
E_2 at $D_{r,2} = 2E-9$	59
E_2 at $E_2° = -0.3$	39
E_2 at $E_2° = -0.4$	40
E_2 at $E_2° = -0.6$	41
E_2 at $E_2° = -0.7$	42
E_2 at $k_{e,1}$ & $k_{e,2} = 1E-11$	65
E_2 at $k_{e,2} = 1E-11$	63
E_2 at $k_{e,2} = 1E2$	62
E_2 at $n_2 = 1$	48
E_2 at $n_2 = 2$	49
E_2 at $n_2 = 3$	50
E_2 at variations in C_2	66
E_2 at variations in $C_{o,2}$	47
E_2 at variations in $D_{o,2}$	55

133

Simulated Cyclic Voltammograms: Basics of Electrochemical Kinetics

E_2 at variations in $D_{r,2}$	60	E_q at $\nu = 8E-2$	78
E_2 at variations in $E_2°$	43	$E_{q,1} C_{i,1}$ at $D_{p,1} = 1E-10$	106
E_2 at variations in $k_{e,2}$	64	$E_{q,1} C_{i,1}$ at $D_{p,1} = 1E-8$	104
E_2 at variations in n_1 & n_2	56	$E_{q,1} C_{i,1}$ at $D_{p,1} = 1E-9$	105
E_2 at variations in n_2	51	$E_{q,1} C_{i,1}$ at $k_{f,1} = 1E1$	85
E_2 at variations in ν	73	$E_{q,1} C_{i,1}$ at $N = 1$	99
E_2 at $\nu = 10E-2$	72	$E_{q,1} C_{i,1}$ at $N = 10$	101
E_2 at $\nu = 1E-2$	67	$E_{q,1} C_{i,1}$ at $N = 100$	102
E_2 at $\nu = 2E-2$	68	$E_{q,1} C_{i,1}$ at $N = 5$	100
E_2 at $\nu = 4E-2$	69	$E_{q,1} C_{i,1}$ at variations in $D_{p,1}$	107
E_2 at $\nu = 6E-2$	70	$E_{q,1} C_{i,1}$ at variations in N	103
E_2 at $\nu = 8E-2$	71	$E_{q,2} C_{i,1}$ at $C_1 = 0$ & $C_{p,1} = 1E1$	123
E_i	iv	$E_{q,2} C_{i,1}$ at $C_1 = 1E1$ & $C_{p,1} = 0$	125
$E_{i,1} C_{i,1}$ at $C_1 = 1E2$	98	$E_{q,2} C_{i,1}$ at $C_1 = 1E1$	
$E_{i,1} C_{i,1}$ at $C_1 = 1E-2$	97	& $C_{p,1} = 1E1$	124
$E_{i,1} C_{i,1}$ at $k_{f,1} = 1E2$	86	$E_{q,2} C_{i,1}$ at $C_{p,1}$ & $D_{p,1} = 1E2$	
$E_{i,1} C_{i,1}$ at $k_{f,1} = 1E3$	87	& $1E-5$	122
$E_{i,1} C_{i,1}$ at variations in $k_{f,1}$	88	$E_{q,2} C_{i,1}$ at $C_{p,1} = 0$	120
electrochemical reversibility	iii	$E_{q,2} C_{i,1}$ at $C_{p,1} = 1E2$	121
E_q	iv	$E_{q,2} C_{i,1}$ at $D_{p,2} = 1E-13$	118
E_q at variations in ν	81	$E_{q,2} C_{i,1}$ at $D_{p,2} = 1E-5$	116
E_q at $\nu = 10E-2$	79	$E_{q,2} C_{i,1}$ at $D_{p,2} = 1E-9$	117
E_q at $\nu = 1E-2$	74	$E_{q,2} C_{i,1}$ at $E_2° = -0.4$	108
E_q at $\nu = 20E-2$	80	$E_{q,2} C_{i,1}$ at $E_2° = -0.6$	109
E_q at $\nu = 2E-2$	75	$E_{q,2} C_{i,1}$ at $N = 1E2$	111
E_q at $\nu = 4E-2$	76	$E_{q,2} C_{i,1}$ at $n_2 = 3$	110
E_q at $\nu = 6E-2$	77	$E_{q,2} C_{i,1}$ at $T = 293$	113

Simulated Cyclic Voltammograms: Basics of Electrochemical Kinetics

$E_{q,2} C_{i,1}$ at $T = 323$	114
$E_{q,2} C_{i,1}$ at variations in $D_{p,2}$	119
$E_{q,2} C_{i,1}$ at variations in $D_{r,2}$	132
$E_{q,2} C_{i,1}$ at variations in N	112
$E_{q,2} C_{i,1}$ at variations in T	115
$E_{q,2} C_{i,2}$ at $C_2 = 1E3$	130
$E_{q,2} C_{i,2}$ at $C_{p,2} = 1E3$	131
$E_{q,2} C_{i,2}$ at $k_{e,2} = 1E-11$	129
$E_{q,2} C_{i,2}$ at $k_{f,2} = 10$	127
$E_{q,2} C_{i,2}$ at $k_{f,2} = 100$	128
$E_{q,2} C_{i,2}$ at variations in ν	126
equilibrium constant	ii
E_r	iv
E_r at $C_{o,1} = 0.5E3$	6
E_r at $C_{o,1} = 1E3$	7
E_r at $C_{o,1} = 2E3$	8
E_r at $D_{o,1} = 1E-10$	11
E_r at $D_{o,1} = 1E-11$	12
E_r at $D_{o,1} = 1E-9$	10
E_r at $D_{r,1} = 1E-10$	15
E_r at $D_{r,1} = 1E-11$	16
E_r at $D_{r,1} = 1E-9$	14
E_r at $E_1^\circ = -0.4$	18
E_r at $E_1^\circ = -0.5$	19
E_r at $E_1^\circ = -0.6$	20
E_r at $k_{e,1} = 1E0$	22
E_r at $k_{e,1} = 1E-2$	23
E_r at $k_{e,1} = 1E-4$	24
E_r at large variations in $k_{e,1}$	26
E_r at $n_1 = 1$	2
E_r at $n_1 = 2$	3
E_r at $n_1 = 3$	4
E_r at variations in $C_{o,1}$	9
E_r at variations in $D_{o,1}$	13
E_r at variations in $D_{r,1}$	17
E_r at variations in E_1°	21
E_r at variations in $k_{e,1}$	25
E_r at variations in n_1	5
E_r at variations in $\alpha_{c,1}$	30
E_r at variations in ν	37
E_r at $\alpha_{c,1} = 0$	27
E_r at $\alpha_{c,1} = 0.5$	28
E_r at $\alpha_{c,1} = 1$	29
E_r at $\nu = 10E-2$	36
E_r at $\nu = 1E-2$	31
E_r at $\nu = 2E-2$	32
E_r at $\nu = 4E-2$	33
E_r at $\nu = 6E-2$	34
E_r at $\nu = 8E-2$	35
$E_{r,1} C_{i,1}$ at $k_{b,1} = 10$	90
$E_{r,1} C_{i,1}$ at $k_{b,1} = 100$	91
$E_{r,1} C_{i,1}$ at variations in $k_{b,1}$	92
$E_{r,1} C_{r,1}$ at $C_{p,1} = 0.5E2$	94
$E_{r,1} C_{r,1}$ at $C_{p,1} = 1$	93

Simulated Cyclic Voltammograms: Basics of Electrochemical Kinetics

$E_{r,1} C_{r,1}$ at $C_{p,1} = 1E2$	95
$E_{r,1} C_{r,1}$ at $k_{b,1} = 1$	89
$E_{r,1} C_{r,1}$ at variations in $C_{p,1}$	96

F

Faradaic current	1

I

I_p vs. $v^{0.5}$ at E_r	38
I_p vs. $v^{0.5}$ for E_q	82
irreversible process	iii
IUPAC convention	1

L

limiting current	iv

N

Nernst equation	ii

O

overpotential	ii

Q

quasi-reversible process	iii

R

Randles–Ševčík equation	v
rate constant	ii
reversible process	iii

T

Tafel equation	ii
Tafel plot	iii

www.ingramcontent.com/pod-product-compliance
Lightning Source LLC
Chambersburg PA
CBHW052358220526
45465CB00003BB/1164